高职高专物联网技术专业系列教材——项目/任务驱动模式

物联网云平台开发实践

陈 丽 编著

電子工業出版社
Publishing House of Electronics Industry
北京 · BEIJING

内 容 简 介

本书以物联网相关行业所涉及的知识和技能为依据，以 OneNET 平台为依托，按照不同的协议设计了 5 个项目，并在了解物联网云平台框架的基础上，在具体应用场景中，实现 4 种协议的软硬件设计。本书具体内容包括以下几部分：初识物联网云平台、基于 HTTP 协议的树莓派 CPU 温度监控系统、基于 EDP 协议的远程智能家居系统、基于 MQTT 协议的温湿度监测系统、基于 TCP 透传协议的工业信息化系统。所有项目在设计方面循序渐进，在介绍云平台架构及常用协议的基础上，对各类协议均采用模拟器调试、代码移植、加入底层硬件的方式开展实践教学，实现底层硬件通过不同协议接入云平台。

本书应用性较强且在知识介绍方面通俗易懂，适用于物联网应用技术、电子信息类专业的应用型本科高校、职业院校学生，以及对物联网感兴趣的从业人员。

图书在版编目（CIP）数据

物联网云平台开发实践 / 陈丽编著. —北京：电子工业出版社，2021.1

ISBN 978-7-121-39825-4

Ⅰ. ①物… Ⅱ. ①陈… Ⅲ. ①物联网－高等学校－教材 Ⅳ. ①TP393.4②TP18

中国版本图书馆 CIP 数据核字（2020）第 205513 号

责任编辑：贺志洪　　　　特约编辑：田学清
印　　刷：涿州市般润文化传播有限公司
装　　订：涿州市般润文化传播有限公司
出版发行：电子工业出版社
　　　　　北京市海淀区万寿路 173 信箱　　　邮编：100036
开　　本：787×1092　1/16　印张：13.75　字数：352 千字
版　　次：2021 年 1 月第 1 版
印　　次：2025 年 2 月第 7 次印刷
定　　价：39.00 元

凡所购买电子工业出版社图书有缺损问题，请向购买书店调换。若书店售缺，请与本社发行部联系，联系及邮购电话：（010）88254888，88258888。

质量投诉请发邮件至 zlts@phei.com.cn，盗版侵权举报请发邮件至 dbqq@phei.com.cn。

本书咨询联系方式：010-88254609，hzh@phei.com.cn。

前言

随着“新基建”的提出，数字化革命的进程势必进一步加速，并促进物联网各层级涉及的新型基础设施建设。云平台作为其中不可缺少的部分，发展越来越迅速，以阿里巴巴、腾讯、三大运营商为代表的国内“巨头”们都在这一领域有着重点部署。在物联网领域，云平台的应用越来越广，除了智能家居、智慧农业、智慧交通等传统应用领域，工业领域的物联网需求也越来越大。通过云平台对生产数据和能耗进行远程监测、远程控制生产等，不仅可以优化生产，还可以更好地实现个性化定制，是智能制造的发展趋势。

教学目标

云平台开发究竟需要做什么？本书以能够选择协议、懂协议参数、能够进行代码移植为教学目标，使学生经过项目化的学习，对 HTTP 协议、EDP 协议、MQTT 协议、TCP 透传协议有一个深入的理解，并通过模拟器调试、Python 代码移植、加入底层硬件的教学安排，由易到难，让学生最终可以采用不同协议自行搭建简单的物联网项目，实现底层硬件与云平台的信息交互。

本书内容

本书设置了 5 个项目。

项目一 初识物联网云平台

本项目在介绍云平台相关概念的基础上，搭建简单的云平台应用，通过对协议的初步介绍，以最常见的 HTTP 协议入手，进行网页版 API 调试，实现数据上传及完整的云平台应用开发。

项目二 基于 HTTP 协议的树莓派 CPU 温度监控系统

本项目在项目一的基础上，进行 Python 代码移植，实现在 Windows 端的云平台数据交互，进一步将代码移植到树莓派硬件中，并将树莓派硬件采集的信息上传至云平台。

项目三 基于 EDP 协议的远程智能家居系统

本项目采用 EDP 协议，在完成调试工具调试的基础上，进行代码移植，实现数据的上传和下发，并结合硬件系统，实现传感器数据云端监测、远程控制等功能。

项目四 基于 MQTT 协议的温湿度监测系统

本项目采用主流 MQTT 协议，在完成模拟器调试的基础上，进行代码移植，实现数据发布、订阅、命令接收。在硬件系统上，进行完整项目开发。

项目五 基于 TCP 透传协议的工业信息化系统

本项目基于 TCP 透传协议，在调试工具实现数据透传的基础上，以 DTU 为硬件，在完成 DTU 配置后，连接 RS-232 接口，实现信息的交互。

为什么是 OneNET 平台

长期以来，物联网云平台教学更注重与底层硬件的关联，对协议的关注较少。在脱离底层硬件后，学生自行开发的能力较弱。因此，本书选择了并不只针对教学的通用云平台。搭建云平台的企业很多，“巨头”们都在布局，OneNET 平台是中国移动的产品，重点布局物联网，并且协议种类多，开发难度适中，适合物联网相关专业的学生、创客、物联网开发人员进行学习。

为什么是 Python

本书在考虑采用哪种语言时，C 语言、Python、C#等都曾在考虑范围内，最终选择了 Python。主要原因有以下几方面：Python 越来越热门，语言本身优势明显；Python 简单易读，在移植代码方面，减少了复杂代码对读者理解协议的干扰，非常适合协议的学习；带 Python 的硬件可以较为方便地实现机器视觉等人工智能场景。

为什么是树莓派

完整的物联网系统需要软硬件的搭配使用。在选取底层硬件时，本书曾考虑过带 Wi-Fi 模块的单片机系统，但是单片机一般采用 C 语言开发，也需要进行复杂的代码移植。初学者在不熟悉协议的情况下，还要解析复杂的 C 语言代码，很难做到两者兼顾。树莓派作为自带操作系统的硬件，在性能强大的同时，可以直接使用 Python 软件，并且在 Windows 系统上调试好的代码，可以直接移植到底层硬件中。另外，树莓派具有丰富的 I/O 口，使其在信息采集、外设控制方面非常方便，也使我们在教学过程中更关注云平台协议、架构等方面。

为什么要用 DTU

使用 DTU 的初衷与设置 TCP 透传的初衷是一致的，对于一些不能重新开发、离散且距离远的设备而言，采用 DTU 模式无疑是最快实现数字化的方式。这类硬件只需要进行配置，就可以实现与云平台进行信息交互的功能，使用非常方便。

本书的撰写过程离不开企业人员的大力支持。在此，特别感谢中移物联网开放平台部 OneNET 资深工程师张鹏飞在协议、软件方面的支持，本书所使用的 EDP 协议的 SDK 文件“edp_SDK”、Lua 脚本均由其提供。同时，特别感谢中移物联网开放平台部 OneNET 运营经理李伦、黄浩、倪雪在资源协调、课程推广，以及云平台架构等相关内容方面给予的帮助和支持。另外，感谢苏州易泰勒电子科技有限公司软件部门总监黄海鹏在软件调试方面给予的帮助和支持，感谢苏州易泰勒电子科技有限公司董事长夏兴隆、苏州贝亚特精密自动化机械有限公司总经理施东升在硬件方面给予的帮助。物联网开发离不开网络，强大的社区、丰富的资源为物联网开发提供了便利。本书在撰写过程中，也参考了大量的开源资料，在此也感谢在网络上分享知识和问题解决方案的各位“大牛”，使得本书的编写更加顺利。

由于本人学识和水平所限，书中难免存在疏漏和不足之处，恳请广大读者批评指正。

编著者

2020.4

目　录

项目一　初识物联网云平台

项目概述

近年来，物联网技术越来越成熟，在各领域的应用也越来越广泛。据 GSMA 统计数据显示，2018 年全球物联网设备高达 91 亿台，约占所有联网设备的一半，另一半则是已普遍接入互联网的电脑、手机、电视、平板等设备。据 IDC 数据显示，2020 年全球联网设备将超过 250 亿台。迅猛发展的物联网应用及快速增长的物联网设备，需要强大的物联网云平台支持。物联网云平台的选择及应用是抓住物联网快速发展机遇的“敲门砖”之一。针对实际应用场景，选择合适的云平台及协议，才能优化资源、满足应用需求。本项目将介绍市面上常见的物联网云平台及其特点，并结合实际场景，介绍协议选择依据，最后以中国移动 OneNET 平台为例，介绍简单的物联网云平台应用开发、调试流程。

知识目标

（1）了解云平台在物联网架构中的作用
（2）了解常见云平台及应用侧重点
（3）了解物联网产品特点及对协议的要求
（4）掌握常见协议及特点
（5）掌握 OneNET 平台的应用开发流程

技能目标

（1）能够根据场景选择合适的云平台
（2）能够根据场景选择合适的协议
（3）能够创建产品、设备、数据流
（4）能够使用 API 进行调试并上传数据点

任务一　了解云平台

知识一　物联网架构

物联网是新一代信息技术的重要组成部分之一，其英文名称为 Internet of Things（IoT）。通过物联网实现万物互联是未来社会的发展趋势。中国物联网校企联盟将物联网定义为目前几乎所有技术与计算机、互联网技术的结合，可以实现物体与物体之间的环境及状态信息的实时共享，以及智能化收集、传递、处理和执行。从广义上来说，目前涉及信息技术的应用，都可以纳入物联网的范畴。国际电信联盟（ITU）将物联网的作用定义为：物联网主要用来解决物品与物品（Thing to Thing，T2T）、人与物品（Human to Thing，H2T）、人与人（Human to Human，H2H）之间的互联。欧盟将物联网定义为：物联网是一个动态的全球网络基础设施，它具有基于标准和互操作通信协议的自组织能力，其中物理的和虚拟的物具有身份标识、物理属性、虚拟的特性和智能的接口，并与信息网络无缝整合。物联网与传统互联网相比，主要差异在于联网硬件的不同，以及联网后提供的服务不同。在互联网中，联网硬件主要是电脑、手机等，联网后主要进行浏览网页、观看视频、聊天等操作。物联网的连接对象主要是物体，如电灯、冰箱、路灯等都可以作为物联网的连接对象，联网后可以远程查看硬件的工作状态，对其进行远程控制。物联网将与媒体互联网、服务互联网和企业互联网一起，构成未来互联网。

物联网就是物物相连的互联网，这包括两层含义：其一，物联网的核心和基础仍然是互联网，物联网是在互联网的基础上进行延伸和扩展的网络；其二，物联网的用户端延伸和扩展到了任何物品与物品之间，可以进行信息交换和通信，也就是物物相连。物联网通过智能感知、识别技术等通信感知技术，广泛应用于网络的融合中，也因此被称为继计算机、互联网之后世界信息产业发展的第三次浪潮。物联网是互联网的应用拓展，与其说物联网是网络，不如说物联网是业务和应用。因此，应用创新是物联网发展的核心，以用户体验为核心的创新 2.0 是物联网发展的灵魂。

一、物联网发展前景

物联网用途广泛，涉及智能交通、环境保护、政府工作、公共安全、智能家居、智能消防、工业监测、环境监测、路灯照明管控、景观照明管控、楼宇照明管控、广场照明管控、老人护理、个人健康、花卉栽培、水系监测、食品溯源、敌情侦查和情报搜集等众多领域。

物联网是一个朝阳产业。近年来，世界各国纷纷将物联网建设提升至国家战略层次，大力发展物联网产业，以期通过加强本国物联网建设，占领这个后 IP 时代的制高点。根据中国信息通信研究院发布的物联网白皮书（2018 年）数据，全球物联网产业规模由 2008 年的 500 亿美元增长至 2018 年的 1510 亿美元。截至 2018 年 6 月，我国物联网总体产业规模已达 1.2 万亿元，公众网络 M2M 连接数已达 5.4 亿个，制定国家和行业标准 81 项，形成了 5 个特色产业集聚区基地。据美国权威咨询机构 FOR-RESTER 预测，2020 年世界上物物相连的业务跟人与人通信的业务相比，将达到 30∶1 的比例。物联网用户数量将突破千亿人，成为下一个极具吸引力的万亿级信息产业。

中国物联网生态环境日趋成熟，随着“新基建”概念的提出，物联网作为实现数字化的重要手段，其发展将进一步加速。目前，除了常见的智能家居、智慧交通等领域，物联网在工业领域的应用需求也逐渐强烈。2014 年我国工业物联网规模达到大约 1157.3 亿元，在整体物联网产业中的占比约为 18%，2015 年我国工业物联网规模接近 1500 亿元，增长率达到 29%。预计到 2020 年，我国工业物联网在整体物联网产业中的占比将达到 25%，规模将突破 4500 亿元。可以预见，随着 NB-IoT、5G、工业无线网技术的发展，以数字化研发设计工具、关键工序制造装备数控化为支撑的工业物联网将会在规模以上企业中得到广泛应用。目前，制造企业普遍认同工业物联网的重要性，但尚未形成清晰的物联网战略。根据 2016 年 Deloitte 的调查显示，89%的受访企业认同在未来五年内工业物联网对企业的发展至关重要，72%的企业已经在一定程度上开始工业物联网应用，但是仅有46%的企业制定了比较清晰的工业物联网战略和规划，因此接下来的几年会是工业物联网高速发展的时期。

二、物联网架构

具体而言，物联网分为应用层、平台层、网络层和设备层，其架构如图1-1所示。

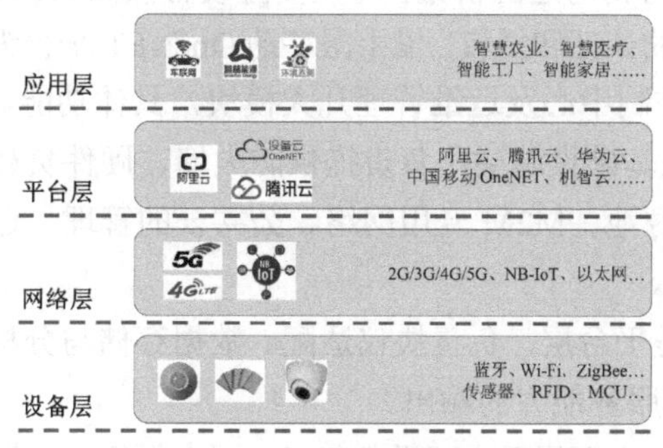

图1-1　物联网架构

1．设备层

设备层主要包含感知器件、处理器件和通信模块。

感知器件是物联网的皮肤和五官，通常包括条码、二维码标签和识读器、RFID标签和读写器、摄像头、GPS、传感器等，主要用于识别物体、采集信息，与人体结构中的皮肤和五官的作用相似。感知层又被称为信源层。

处理器件是物联网的大脑，用于处理信息、发出指令等，通常由单片机、嵌入式系统等组成。

设备层的通信模块主要用于实现近距离无线通信，将传感器节点进行组网，并将信息汇聚至网关。常见的通信方式包括蓝牙、Wi-Fi、ZigBee、红外、Mesh网络等。

所有原始搜集的数据、最终执行的结果都在这一层进行，也是开发者最常接触的部分。

2．网络层

网络层是物联网的神经中枢，负责信息的传递和处理。网络层会将网关信息安全、可靠地传输到应用层，然后根据不同的应用需求进行信息处理。物联网的网络层包含接入网和传输网，分别用于实现接入功能和传输功能。传输网由公网与专网组成，典型的传输网包括电信网（固网、移动通信网）、广电网、互联网、电力通信网、专用网（数字集群）。接入网的接入方式包括光纤接入、无线接入、以太网接入、卫星接入等，用于实现底层的传感器网络、RFID网络的“最后一公里”的接入。物联网的网络层承担着巨大的数据量，并且面临着更高的服务质量要求。物联网需要对现有网络进行融合和扩展，利用新技术来实现更加广泛和高效的互联功能。物联网的网络层自然也成了各种新技术的“舞台”，如5G通信网络、NB-IoT等。网络层主要由运营商或各大联盟负责。

【查一查】5G正以超乎想象的速度到来，以华为为代表的全球运营商正加速5G商用部署。5G产业在标准、产品、终端、安全、商业等各领域已经准备就绪，带来行业革命的同时，也承载着伟大的中国梦、复兴梦、强国梦、小康梦。查一查，我国除了5G技术，还有哪些技术处于世界先进行列，哪些技术还亟待突破？

3．平台层

从物联网架构来看，物联网设备层和网络层实现了信息的采集、处理、传输。利用云平台在信息存储、信息计算、信息可视化等方面的能力，可以使产品更加智能化、便利化。同时，搜集的大数据还可以用于后期产品的性能预测和及时维护。

平台层是物与物、人与物沟通的桥梁，可以支持设备按照 HTTP、MQTT 等通信协议接入云端，并提供对设备身份的认证和授权。以中国移动 OneNET 平台为例，其架构如图 1-2 所示，包括 IaaS 层、PaaS 层、控制中心及运维管理几大模块，具体功能如下。

- IaaS 层：IaaS 层是基础设施层，负责提供防火墙、硬件负载均衡、域名管理服务，实现对 CMCC IT 资源池、M2M 专用网络、公共云的管理。这一层与网络层对接，接收网络层传输的数据。
- PaaS 层：PaaS 层是平台层，负责协议适配、数据存储与分析。这一层与应用层进行对接，通过 API 实现服务能力的输出。
- 控制中心：控制中心主要用于实现设备鉴权、同步服务、集群状态、用户中心等功能。
- 运维管理：运维管理包括 API 管理、需求管理、发布变更、版本管理和业务监控。

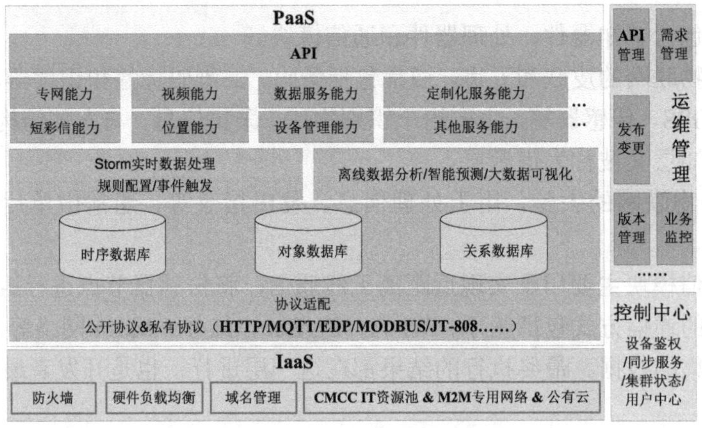

图 1-2　OneNET 平台架构

4．应用层

物联网的社会分工与行业需求相结合，才能实现广泛智能化，与行业的对接主要体现在应用层。应用层是针对不同行业进行应用开发的，其功能如图 1-3 所示。在 SaaS 层提供针对不同行业的应用模板，进行桌面、手机应用开发。在应用层，开发者可以调用 API 查看设备层采集的数据，并进行应用开发。

图 1-3　应用层功能

知识二　常见云平台

一、云平台概述

目前，物联网的应用开发大部分都会选择在云平台进行部署。一些大企业会选择自己搭建远程服务器、边缘服务器。随着云计算、大数据等技术的成熟，大部分企业，尤其是中小型企业，会直接选择公有云平台。云端开发已成为主流，其地位也越来越重要。目前，除了全球范围内知名的亚马逊、微软等，国内巨头企业阿里、腾讯、百度、华为和三大运营商也在持续发力，加大云平台的建设及推广。

IDC 调查报告给出了 2019 年一季度公有云市场占比，如图 1-4 所示，其中阿里的阿里云是占比最大的云平台，占据了 43%的市场。

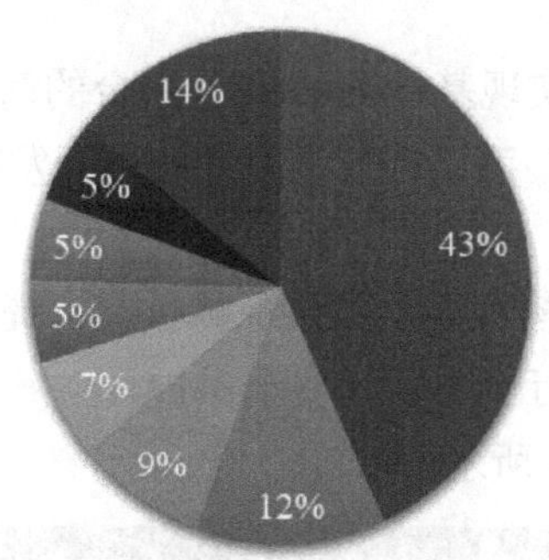

图 1-4　2019 年一季度公有云市场占比

不同的云平台的目标客户不同，各自业务的侧重点也不同。

以阿里为代表的电商平台，主要客户为中小型企业，尤其是互联网客户。以腾讯为代表的社交平台，主要优势在于游戏类客户。以华为为代表的设备商，则更偏向于大型政企类业务的关键型客户。

目前，针对物联网应用领域，一些企业正在重点布局这一领域的云平台建设。目前，比较常见的有中移物联网、Yeelink、乐为物联、QQ 物联、机智云等。运营商在这一领域具有一定的优势。运营商不仅是基础网络的拥有者，还拥有大量企业客户，最有希望成为物联网产业的主导者。随着 5G 和 NB-IoT 技术的快速推广，采用上述技术的节点数量会越来越多，网络连接数终将取代用户数量而成为衡量运营商增长的全新指标。

二、OneNET 平台优势

OneNET 平台作为中国移动推出的专业物联网开放云平台，提供了丰富的智能硬件开发工具和可靠的服务，可以助力各类终端设备迅速接入网络，实现数据传输、数据存储、数据管理等完整的交互。在物联网的基本架构中，作为 PaaS 层，OneNET 平台可以为 SaaS 层和设备层搭建连接桥梁，为终端层提供设备接入功能，为 SaaS 层提供应用开发功能。该云平台具有的价值与优势如下。

1．高并发可用

OneNET 平台支持高并发应用及终端接入，保证服务可靠，同时可提供高达大约 99.9%的 SLA 服务可用性。

2．多协议接入

OneNET 平台支持多种行业及主流标准协议的设备接入，如 LwM2M/CoAP（NB-IOT）、MQTT、Modbus、EDP、HTTP、JT/T808 及 TCP 透传等。同时，OneNET 平台可以提供多种语言开发 SDK，帮助终端设备快速接入平台。

3．丰富的 API 支持

OneNET 平台具有多种 API，可以实现设备的增删改查、数据流创建、数据点上传、命令下发等。利用开放的 API 接口，用户可以通过简单的调用快速实现应用的生成。

4．快速应用孵化

OneNET 平台可以通过拖动实现基于 OneNET 平台的简单应用，从而实现应用的快速孵化。平台具有多种图表展示组件，可以有效地降低应用开发时间。

5．数据安全存储

OneNET 平台采用分布式结构和多重数据保障机制，提供安全的数据存储。平台提供的传输加密方式可以对用户数据进行全方位的安全保护。

OneNET 一体化平台如图 1-5 所示。

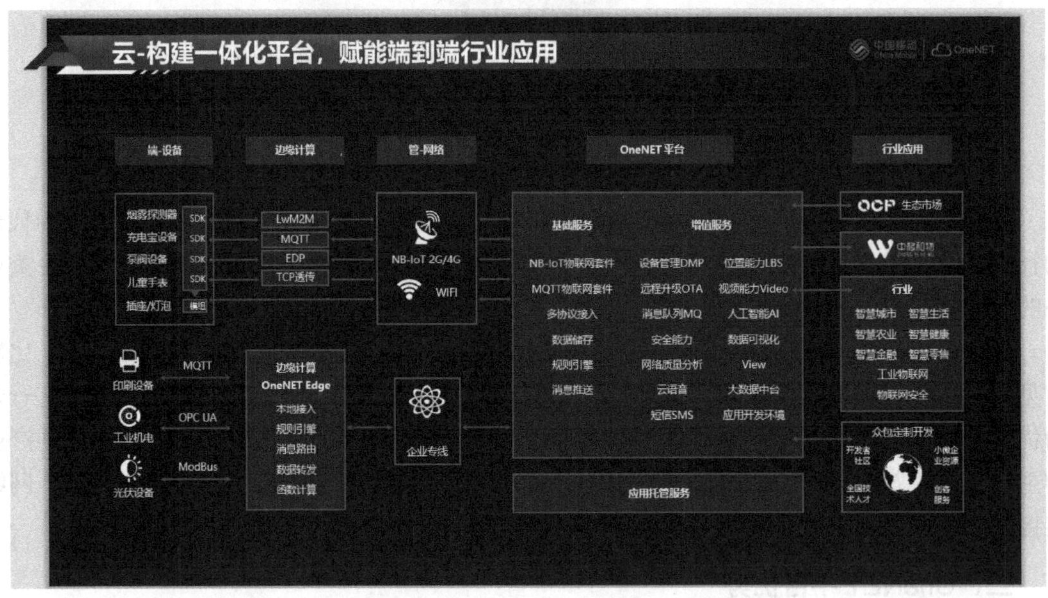

图 1-5 OneNET 一体化平台

知识三 常见典型应用案例

云平台在物联网的各行各业中，得到了广泛应用。下面以智慧城市、智慧农业、智慧家居等典型应用案例，介绍不同行业内云平台的应用及带来的有益效果。

一、智慧城市

物联网技术在智慧城市中的应用范围较广。比较常见的应用有智慧照明、智慧井盖、智慧停车、环境监测等。在此以智慧井盖、环境监测为例，介绍云平台在智慧城市中的应用。

1. 智慧井盖

城市井盖的数量庞大，即使管理部门安排维护人员加强巡视，也无法完全保障井盖的安全，无法实时、有效地获得设备的信息。依托云平台构建智慧井盖管理平台，可以实时查询井盖的状态，实现井盖的防盗监控，并远程控制井盖的开启和关闭。

智慧井盖设计方案如图 1-6 所示。

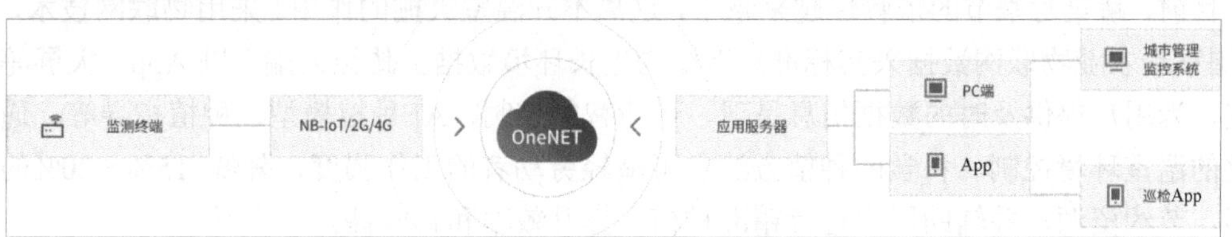

图 1-6　智慧井盖设计方案

在每个井盖安装监测终端，采用 NB-IoT、2G 或 4G 将采集到的信息传送至云平台。应用端从云平台读取信息并将信息进行可视化处理。当应用端需要对监测终端进行控制时，它发送的命令会经过云平台下发至监测终端。

目前，浙江宁波、河北秦皇岛等城市均采用了智慧井盖监控系统来实现井盖移位、倾斜、松动、溢水等状态告警，最终实现井盖资产的远程管理。

【看一看】　　“最帅井盖爷爷”

7 月 21 日，河北邯郸暴雨后部分路段积水严重，一处污水井盖被掀开排水，附近小区的 60 岁门卫李光周自愿蹲守一旁，提醒行人和车辆注意安全。他一守就是 3 个小时，被网友赞为“最帅井盖爷爷”。老人说：“没想那么多，就是怕行人发生危险。”

2. 环境监测

环境监测是物联网应用的重要场景之一，基于云平台标准协议，可以实现对环境类监测终端的实时数据进行周期性采集；利用消息路由和事件告警实现跨平台、多数据类型的统一管理，使用户可以集中进行实时监测；结合 GIS 地图形象展示输出，使用户可以更便捷、更直观地查看环境数据；依托大数据分析加工，可以把控和优化空气污染治理重点和方式。

环境监测设计方案如图 1-7 所示。

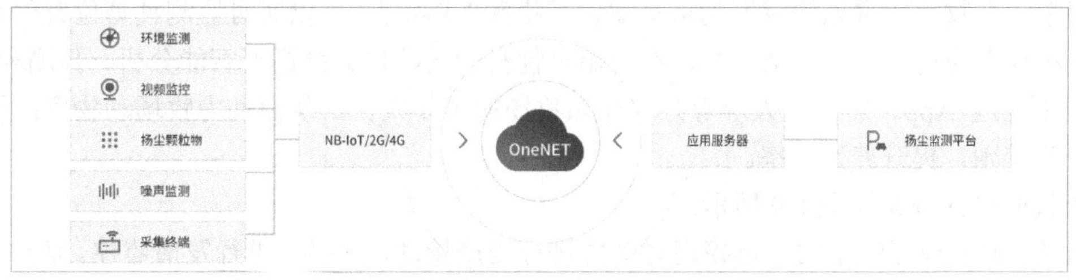

图 1-7　环境监测设计方案

面向农业、商贸等新兴行业，辽宁基于云平台搭建了移动环境监控平台，主要为客户提供各类应用场景下的环境监控功能。新松的沈阳南北二干线隧道环境监控项目就是基于环境监控平台进行研发集成的。隧道内的多种环境监控传感器设备通过云平台接入环境监控平台，可以实现海量数据并发接入，保证传感器数据采集的安全性与稳定性。

二、智慧农业

农业领域的现代化程度越来越高，物联网技术的应用也越来越多地被发掘，在种植业、畜牧业、渔业等领域均有很多成功案例。

1. 温室大棚

目前，蔬菜对季节的依赖性越来越小，这离不开温室大棚的作用。采用物联网技术，按照《中国移动农业物联网数据采集标准》将植物生长环境数据上传至云端，以 App、大屏等展现方式，为用户提供及时的数据信息呈现、环境智能控制、AI 种植模型、种植指导等。通过智能化的温室环境控制、科学的种植方法，可减轻劳动者的工作强度，降低 15%～20%的水肥使用，节约资源，并辅助用户进行精准种植，提升效率和积极性。

温室大棚设计方案如图 1-8 所示。

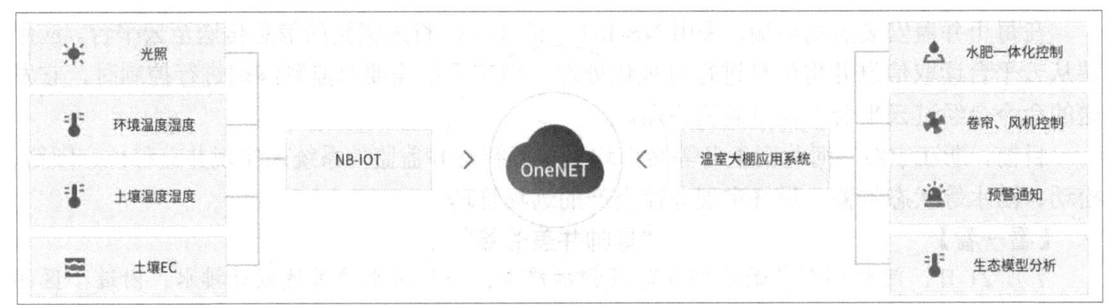

图 1-8 温室大棚设计方案

目前，采用物联网模式进行种植的案例很多，以德众葡萄园为例，该园通过整合物联网企业能力，帮助广大农民对农作物进行智能化生产管理，同时打通农业数据“壁垒”，方便研究型企业挖掘农业生长数据价值，掌握农作物生长、生产规律，从而提高农业产能，推进国家农业向智能化、高效化发展。该项目在全国范围内都能对智慧农业提供方向性的引导，是智慧农业发展的标杆。

2. 畜牧业

目前，畜牧业较常见的应用为可穿戴设备搭配 NB-IoT，可以实时监测牲畜位置信息和运动量，将数据通过网络上传至平台，由云端对牲畜的运动量数据进行智能分析、预测和预警，并将结果通过 App、短信、大屏等方式通知牧场的工作人员，从而助力牧场动物资产管理，实现科学养殖，提升养殖效率。

畜牧业设计方案如图 1-9 所示。

目前，畜牧业已经采用上述模型对羊群进行资产管理，对奶牛进行发情监控。例如，截止到 2017 年年底，山西省各地市农委奶业提质增效补助项目累计为当地奶业养殖农户安装、佩戴奶牛发情监测系统计步器 30000 余套。该设备佩戴方便，采集数据及时、准确，可以助力牧场动物资产管理，预判奶牛发情，辅助提升产奶量和奶牛 PSY 指标。

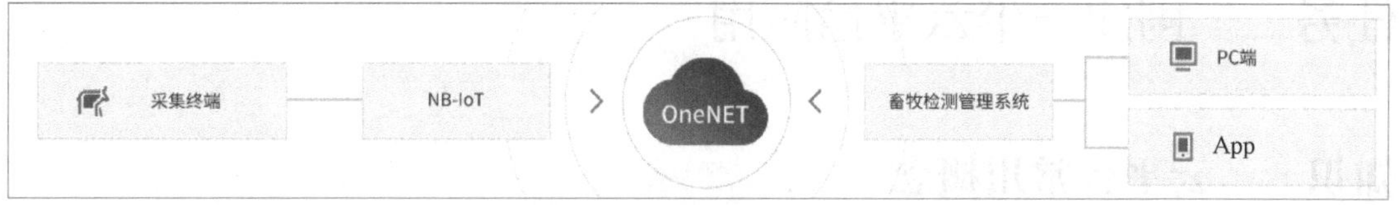

图 1-9　畜牧业设计方案

三、智能家居

目前，物联网在智能家居中的应用已经非常普遍，以小米为代表的企业，打造了完整的生态链。将生态链中的智能设备接入云平台，然后通过 App 应用就可以方便地查看智能设备状态，并对设备进行智能控制。在打造生态链方面，小米提供了云平台，可以将智能硬件通过嵌入小米智能模组或集成 SDK 的方式连接到小米 IoT 平台。小米智能家居如图 1-10 所示。

图 1-10　小米智能家居

【想一想】构思一下你心目中的智慧家居是什么样的？

四、工业物联网

工业的规模庞大，并且对物联网的需求迫切，是物联网云平台的“必争之地”。以西门子为代表的老牌工业企业，在现有工业优势的基础上，依靠云平台，打造数字化工厂。云平台不仅可以进行生产命令的发布，还可以获取传感器、供电模块等的状态，并利用大数据分析产线状态、生产参数，为后续产能管理、加工参数优化、产线维护等提供助力，推进全自动无人生产、个性化定制、全生命周期管理等概念的实现。

任务二　创建一个云平台应用

知识一　云平台常用概念

在云平台应用创建过程中，首先要了解云平台常用概念。云平台一般涉及的概念包括产品、设备、数据流、数据点、应用等，除此之外，还涉及 ID、APIkey 等参数。各概念之间的关系如图 1-11 所示。每个用户可以创建多个产品，每个产品下可以包含多个设备，每个设备可以由多个数据流组成。在设备联网前，需要通过 ID、鉴权信息等核对用户身份，保障安全。在数据流创建后，可以进行应用创建。

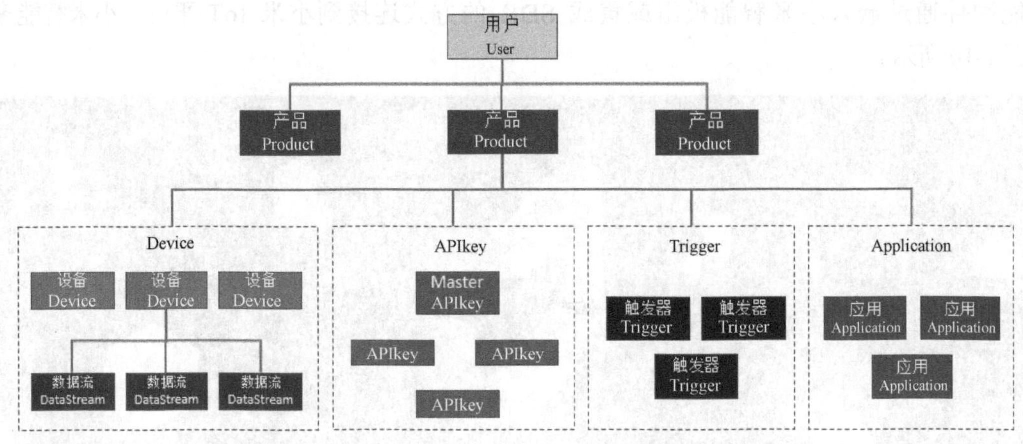

图 1-11　各概念之间的关系

一、产品

产品是指云平台中的一类虚拟产品，由同一类的多个设备组成。同一类产品采用一类明确的协议。

以 LED 灯产品为例，此处 LED 灯是一个泛指的概念，不具体对应于某一盏实物灯，可以理解为 LED 灯的统称。在创建一个产品时，必须明确同一类采用相同协议联网的 LED 灯，如采用 HTTP 协议联网的 LED 灯，这个大类里可以包含若干个具体的实物灯，这些实物灯如果要联网，则必须都采用 HTTP 协议。

二、设备

设备是指产品下的虚拟设备。与具体实物相对应，平台会给每个设备分配一个 ID，以便控制每一个具体实物。

以上述采用 HTTP 协议联网的 LED 灯产品为例，A 购买了 3 个这类 LED 灯的实物。在联网时，可以在 LED 灯产品下，创建 3 个设备，并与这 3 个实物进行绑定。

三、数据流

每个设备在联网后，都会产生若干个系列的若干个信息。这些信息由具体的实物所上传的数据组成，保存在数据流中。

例如，在空调产品下，创建了一个设备 A，这个设备与一个空调实物绑定。该空调实物在运行过程中，能采集到温度、湿度、电压等一系列信息。这些信息可以分别构成温度、湿度、电压的数据流。数据流是一系列不同时刻、同一参数值的集合。

四、数据点

数据点是指某一时刻的设备属性取值，它会随时间发生动态变化。数据流是由数据点组成的。

以上述空调的温度数据流为例，数据点表示某个具体时刻的温度。终端设备采集的数据点将通过指定协议上传至云平台。

五、应用

应用是指基于某个数据流开发并发布的可视化监测界面。用户可以通过 App 或网页查看当前数据或历史数据。OneNET 平台可以提供便利的可视化轻应用开发。

六、ID

ID 是平台为产品或设备分配的唯一编号。在使用中，需要区分产品 ID 和设备 ID。

七、安全鉴权信息

在设备联网时，在核对设备 ID 的同时，还需要提供类似于密码的安全鉴权信息。OneNET 平台提供了两类安全鉴权信息。

（1）APIkey：用于设备认证、设备强绑定，以及认证设备是否是有效设备。APIkey 与设备 ID 一起用于设备认证，主要分为 Master-APIkey 和 Device-APIkey 两类。

- Master-APIkey：产品下唯一的具有管理员权限的 APIkey，具有管理产品下所有设备的权限。
- Device-APIkey：设备级 APIkey，具有与之关联的所有设备的访问权限。

（2）access_key：安全性更高的访问密钥，用于访问平台的隐性鉴权参数（非直接传输），通过参与计算并传输 token 的方式进行访问鉴权。

【看一看】网络安全知多少？——摘自阿里云《2019 年 DDoS 攻击态势报告》

2018 年，阿里云安全团队监测到云上 DDoS 攻击发生近百万次，日均攻击 2000 余次。2020 年年初，阿里云发布的《2019 年 DDoS 攻击态势报告》指出，与 2018 年相比，2019 年 DDoS 攻击的数量虽然持平，但 DDoS 攻击的攻击强度变得更大。同时，报告对 2019 年全年发生的 DDoS 攻击进行了全方位分析，从整体攻击态势、僵尸网络分析、DDoS 肉鸡分析等维度入手，并结合典型案例，全方位呈现了 2019 年 DDoS 攻击发展态势。

2019 年常见攻击手法有被挂马设备植入攻击脚本、调用系统浏览器发起攻击、热门网页嵌入攻击代码、山寨 App 植入攻击代码、通过高匿代理发起攻击。

通过对部分 DDoS 攻击进行溯源，海外团伙发起的 DDoS 占比呈现上升趋势，其中以东南亚地区的分布较为集中；从全球的攻击态势来看，随着国内业务出海趋势的上升，东南亚地区遭受的攻击最为密集。

互联网基础设施同样会成为间接或直接的攻击目标对象。随着物联网的普及，越来越多的智能硬件走进千家万户。但是不管是生产厂家还是普通民众的信息安全意识都还相对薄弱。智能硬件的联网为黑客发起更大规模的攻击创造了绝佳机会。

报告还指出，得益于政府、运营商等对于网络安全的重视，以及对互联网环境的治理，目前，对于大流量 DDoS 攻击有着显著的抑制作用。但是，随着防护手段的演进，黑客们的攻击手法同样在发生变化。去年有效的防护方式，在今年可能已经不再具备防护效果。人工调整策略在当前的攻击态势下越来越无法抵御住攻击，防御系统需要自动化地快速区分恶意和正常访问，并从中提取出攻击模式，快速下发，压制攻击。

【看一看】国家互联网应急中心发布《2018 年中国互联网网络安全报告》

《2018 年中国互联网网络安全报告》显示，云平台已成为发生网络攻击的“重灾区”。据统计，2018 年国家互联网应急中心共协调处理网络安全事件 10.6 万余起，其中网页仿冒事件最多，其次是安全漏洞、恶意程序、网页篡改、网站后门、DDoS 攻击等。在各类型的网络安全事件中，云平台上的分布式拒绝服务攻击（即 DDoS 攻击）的次数、被植入后门的网站数量、被篡改的网站数量占比都超过了 50%。国内主流云平台上承载的恶意程序种类数量约占境内互联网上承载的恶意程序种类数量的 53.7%，木马和僵尸网络恶意程序控制端 IP 地址数量约占境内全部恶意程序控制端 IP 地址数量的 59%，这表明攻击者经常利用云平台发起网络攻击。

八、触发器

触发器为产品目录下的消息服务，可以进行基于数据流的简单逻辑判断并触发 HTTP 请求或邮件。

实验一　创建 OneNET 应用

【实验目的】

（1）掌握 OneNET 应用的创建流程。
（2）理解云平台应用中常用概念的含义。
（3）理解云平台架构。

【实验设备】

一台 PC，可连接 Internet。

【实验要求】

在 OneNET 平台注册产品，并在该产品下注册设备，创建数据流及应用。

【实验步骤】

一、创建 OneNET 账号

首先进入 OneNET 平台主界面，如图 1-12 所示。然后单击界面右上角的“注册”按钮，并按照相应提示注册一个 OneNET 账号。

图 1-12　OneNET 平台主界面

二、登录 OneNET 平台

在成功创建 OneNET 账号后，只要单击 OneNET 平台主界面上的“登录”按钮，就可以跳转到登录界面，然后输入自己创建的 OneNET 账号，就可以成功登录 OneNET 平台，如图 1-13 所示。

图 1-13　登录 OneNET 平台

三、创建产品

在登录 OneNET 平台后，单击 OneNET 平台主界面右上角的“控制台”按钮，就可以进入控制台，如图 1-14 所示。

在控制台首页“全部产品”的下级菜单中，单击“MQTT 物联网套件”（此处以 MQTT 物联网套件作为演示案例），如图 1-15（a）所示。在进入开发者界面后，可以看到还没有产品，如图 1-15（b）所示。

图 1-14　单击“开发者中心”按钮

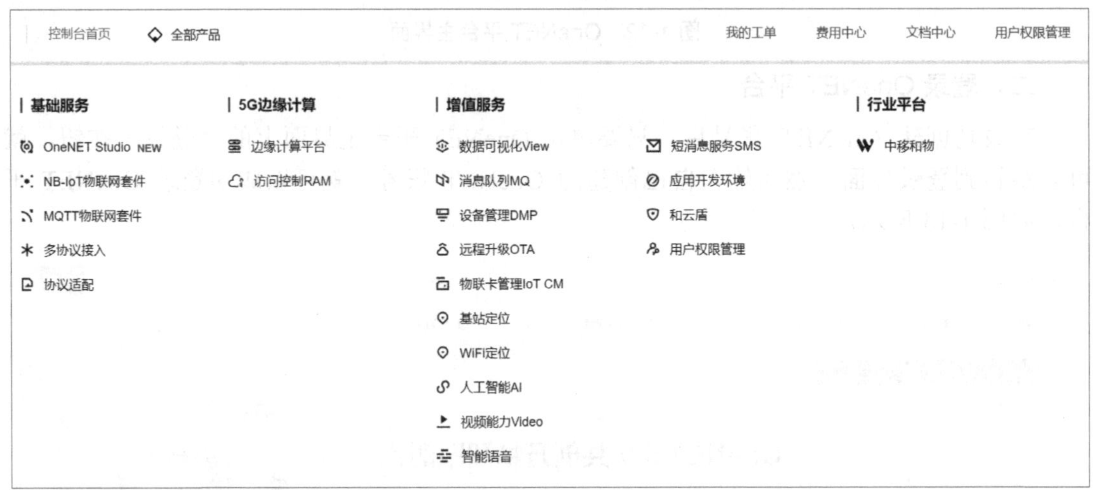

（a）控制台首页

（b）开发者界面

图 1-15　开发者界面

单击图 1-15（b）中框内的“添加产品”按钮，弹出“添加产品”对话框，如图 1-16 所示。

图 1-16　“添加产品”对话框

在“添加产品”对话框中填写产品的具体信息，包括“产品名称”“产品行业”“产品类别”“联网方式”“设备接入协议”“操作系统”“网络运营商”等一系列信息。

在填写完毕后，单击“确定”按钮，完成产品创建。

产品创建完成的效果如图 1-17 所示。

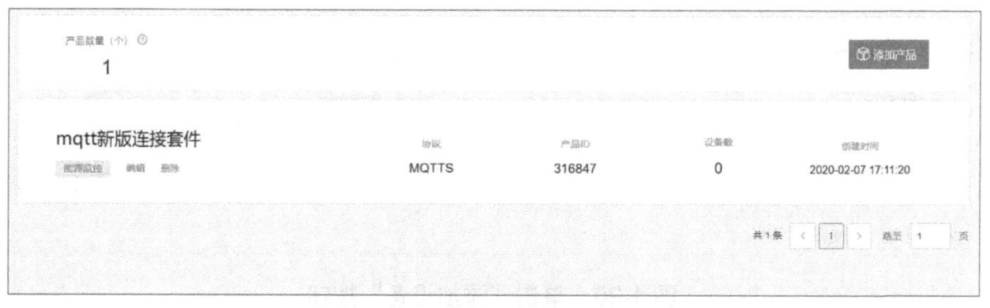

图 1-17　产品创建完成的效果

四、创建设备

如图 1-18 所示，单击产品名称，即可进入产品界面。

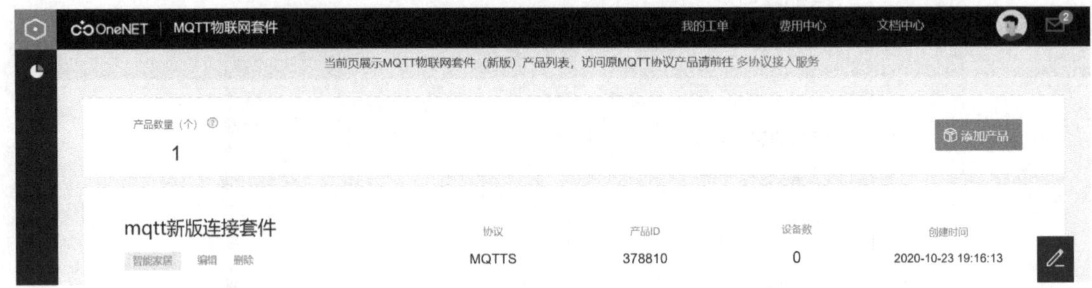

图 1-18　单击产品名称

如图 1-19 所示，选择“设备列表”标签，即可进入设备添加界面。

图 1-19　选择“设备列表”标签

如图 1-20 所示，单击“添加设备”按钮，即可添加设备。

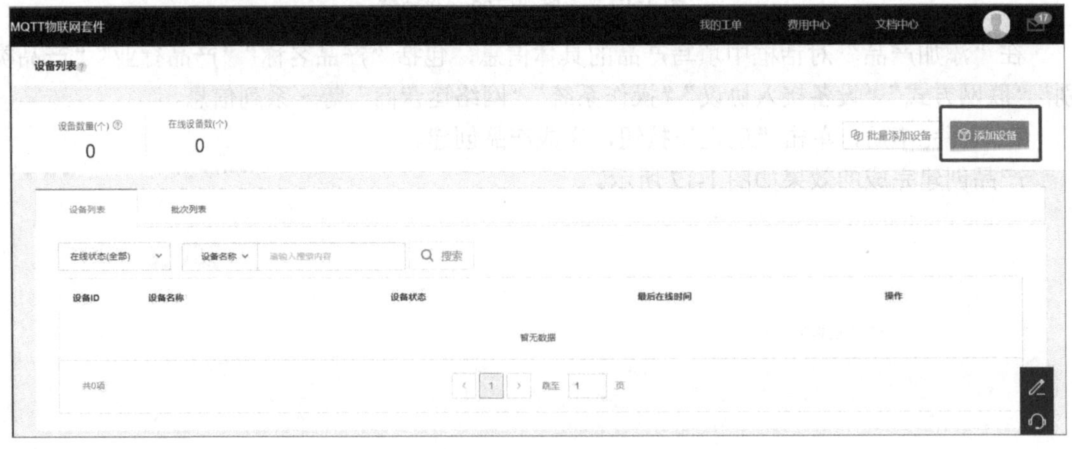

图 1-20　单击“添加设备”按钮

如图 1-21 所示，在设备信息填写完毕后，界面将显示添加的设备名称及状态等信息。

图 1-21　显示已添加设备的信息

五、创建数据流

数据流依托于设备，一个设备可以对应多个数据流。创建数据流有两种方式：创建数据流模板和调用 API 接口。下面以创建数据流模板的方式来新建数据流。

如图 1-22 所示，选择“数据流模板”标签，进入“数据流模板”界面，然后单击“添加数据流模板”按钮，输入数据流名称、单位、单位符号等信息，并确认后，完成数据流模板的创建。

图 1-22　创建数据流模板

六、创建应用

OneNET 平台自带应用编辑器组件，能够通过拖曳的方式帮助开发者快速生成应用。如图 1-23 所示，选择“应用管理”标签，进入“应用管理”界面，然后单击“添加应用”按钮，即可开始制作小型应用。

应用编辑器的功能主要是方便开发者快速开发应用，并在网页端、手机端查看底层硬件采集的数据，向底层硬件下发命令，适合初学者进行快速的轻应用开发。

在应用添加完成后，如图 1-24 所示，单击应用名称，即可进入应用创建界面。

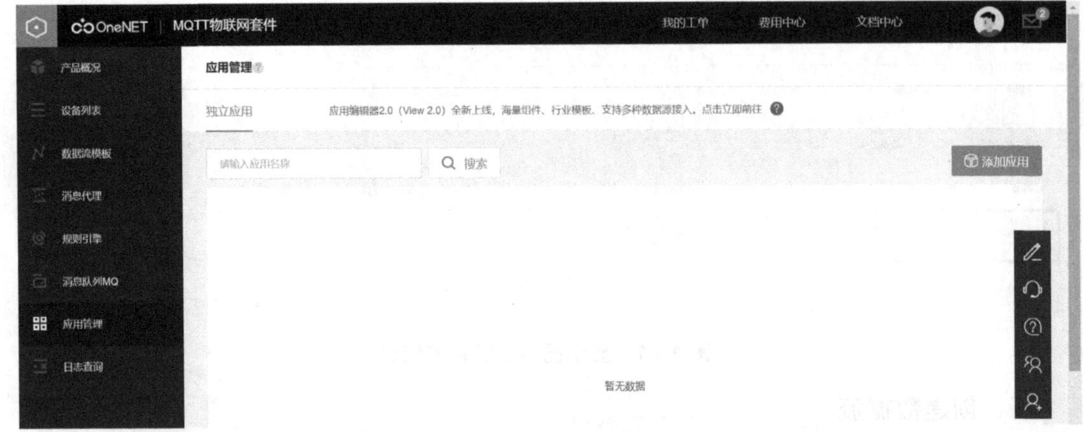

图 1-23 开始制作小型应用

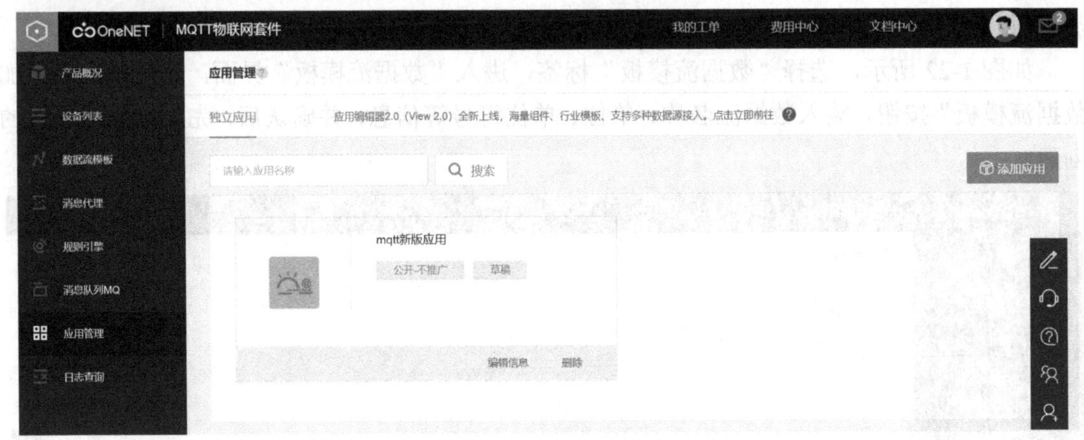

图 1-24 单击应用名称

如图 1-25 所示，单击“编辑应用”按钮，进入应用编辑界面。

图 1-25 单击“编辑应用”按钮

如图 1-26 所示，应用编辑界面包括工具栏、页面面板、页面导航、元件库面板、编辑区、设置面板、图层面板 7 部分。

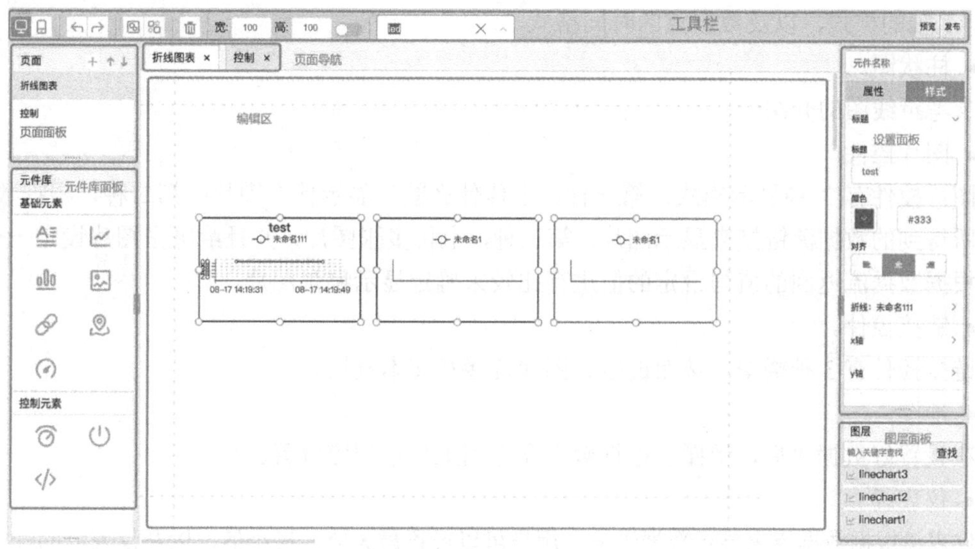

图 1-26　应用编辑界面（1）

1．工具栏

：可以通过该按钮选择制作网页版或手机版的应用。手机页面与普通页面的编辑方式类似。应用在初始化时，会根据访问设备是否是移动端来判断是否优先显示手机页面。

：撤销和重做。

：控件组合、解散组合。

：当控件处于选中状态时，可以按 Delete 键或单击该按钮删除该控件。

：设备选择下拉列表，用于选择制作应用的设备。

2．页面面板

应用支持多个页面，每个页面的控件相互独立。用户可以在页面面板中新增、删除页面，改变页面的排列顺序。应用在初始化时，会优先显示排序第一的页面。

3．页面导航

用户可以在页面导航中切换不同的页面，选择需要进行编辑的页面，并且在选择后，会在编辑区出现对应的页面。

4．元件库面板

元件库面板包含两大类控件：基础元素和控制元素。

（1）基础元素只能可视化设备的数据流值，不能对设备下发命令、修改数据流值。具体包含的控件如下。

- 文本控件。

文本控件可以使用固定文字，也可以根据数据流来显示内容。用户可以在样式选项中设置文字的字体、字号、字重，文字是否倾斜、是否添加下画线，以及文字的颜色、背景色、对齐方式、行距等。

- 折线图。

折线图可以选择一条或多条数据流来进行展示。用户可以设置折线图的显示效果、颜色，X轴、Y轴的样式，以及数据点的时间格式。

- 柱状图。

参考折线图的介绍。

- 图片控件。

图片控件有 3 种显示模式：第一种，上传什么图片显示什么图片；第二种，根据数据流设置所得到的数据流链接来显示图片；第三种，上传多张图片，并且给每张图片设定一个值，然后根据数据流返回的值与设定的值进行比较来确定显示哪张图片。

- 链接控件。

链接控件有 3 种类型：按钮链接、图像链接和文本链接。

- 地图。

在设置好数据流后，地图会根据数据在地图上显示相应位置。

- 仪表盘。

仪表盘根据数据流来显示数据流值。用户可以设置最大值、最小值，以及仪表盘的样式。

（2）控制元素除了能可视化设备的数据流值，还能下发命令给设备。

- 旋钮。

旋钮根据数据流来显示数据流值。用户可以设置旋钮的最大值、最小值、步长等，还可以在样式中设置仪表盘、旋钮、数字等颜色，并且在应用中，可以通过拖动旋钮或设置旋钮中的数字向设置好的数据流发送命令。

- 开关。

根据数据流和设置的开关值来显示开关的样式。单击开关，可以向设置好的数据流发送对应开关值的数据。

- 命令框。

在设置好数据流后，可以向对应的数据流发送数据。该数据可以分为普通字符串数据和十六进制数据。

5．编辑区

编辑区左侧的元件库包含了多种基础元素和控制元素，用于制作不同类型的应用界面。以 CPU 温度信息为例，仪表盘和折线图是两种较为常用的方式。仪表盘适合实时温度的监测，折线图更偏重温度的变化趋势。将左侧元件库的元素拖动至编辑区，即可进行编辑。

6．设置面板

在工具栏中的设备选择下拉列表中，可以选择制作应用的设备。在选择完成后，进入设置面板。设置面板包括“属性”面板和“样式”面板两部分。

在“属性”面板中，可以设置数据流、刷新频率等参数。选择需要查阅的数据流，在属性设置中，还可以设置数据的刷新频率，实现数据的定期刷新，获取底层上传的数据点。数值设置是设定数据点的显示范围，超过范围的数据点将不再显示。在数据流匹配完成后，编辑区的图表会显示数据流的数值，仪表盘会显示当前数据点的值，折线图会显示一定时间范围内的数据点集合的值。

在“样式”面板中，可以对背景颜色、页面尺寸等外观参数进行配置。

7．图层面板

图层面板用于选择不同的图层。

如图 1-27 所示，在设计完成后，可以单击右上角的按钮进行相应操作，可以对已创建的应用进行预览、保存和发布。

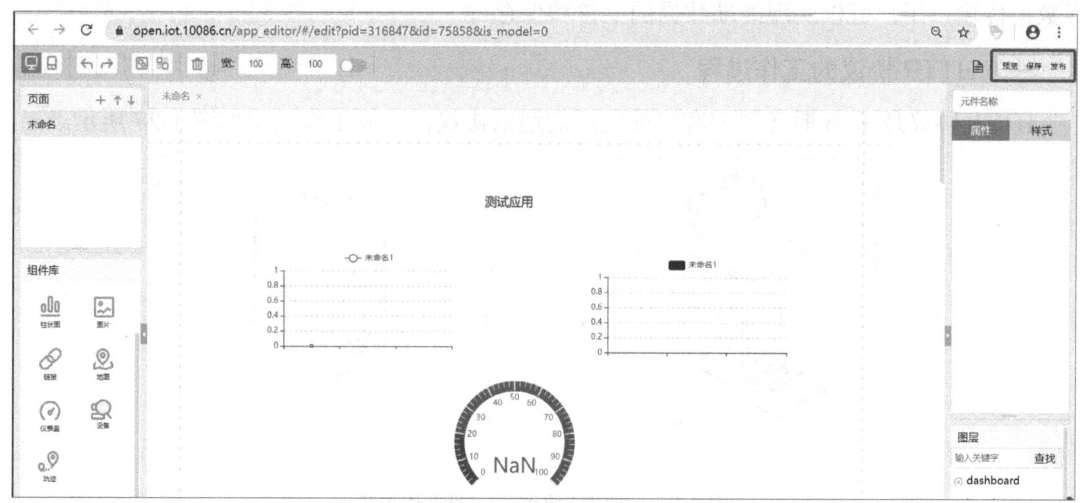

图 1-27　应用编辑界面（2）

任务三　选定一种协议

在创建应用的过程中，最重要的一个环节是将硬件采集到的数据上传至云平台，或者从云平台向硬件下发命令。这一过程与互联网数据传输有一些共同点，也有显著的差异。互联网的作用是实现不同计算机用户和通信网络之间的通信功能，其本质是信息的传递和交流，而信息是被加工处理后的有用数据。物联网的本质是数据的传递和交流，但是数据的来源不同，侧重点也不同。互联网的重点在于信息的传递，物联网的重点在于数据的处理。

在学习物联网通信协议之前，认识互联网通信协议对于了解协议工作过程及协议特点有重要作用。

知识一　认识 HTTP 协议

通信协议是指计算机通信网络中两台计算机进行通信所必须共同遵守的规定或规则。在日常生活中，常见的通信协议有 HTTP 协议（HyperText Transfer Protocol，超文本传输协议）。在浏览网页时，就使用该协议。这种协议是客户端浏览器或其他程序与Web服务器进行通信的应用层通信协议。Web服务器通常存放的是超文本信息。客户端需要通过HTTP协议传输所要访问的超文本信息。HTTP协议包含命令和传输信息，不仅可以用于Web访问，也可以用于其他因特网/内联网应用系统之间的通信，从而实现各类应用资源超媒体访问的集成。HTTP协议是一个简单的请求/响应协议，由客户端发起请求，同时指定了客户端采用什么方式，发送给服务器什么样的消息，以及得到什么样的响应，而服务器不会主动向客户端发送信息。该协议通常运行在TCP协议之上。云平台一般支持设备采用遵循 HTTP 协议的数据封装结构及接口形式等连接平台并进行数据传输，用户可以实现终端数据的上传和保存。

一、HTTP 协议的工作过程

HTTP协议是Web服务器和客户端之间的通信协议，一般工作过程如图1-28所示。

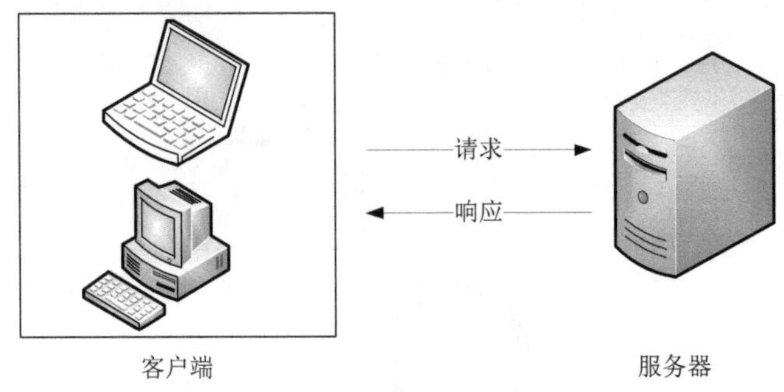

图 1-28　HTTP 协议的一般工作过程

客户端向服务器发送请求，服务器在收到请求后反馈响应信息。整个通信过程主要按照以下7个步骤进行。

1．建立 TCP 连接

计算机网络架构如图1-29所示。在整个网络架构中，HTTP协议处于应用层。

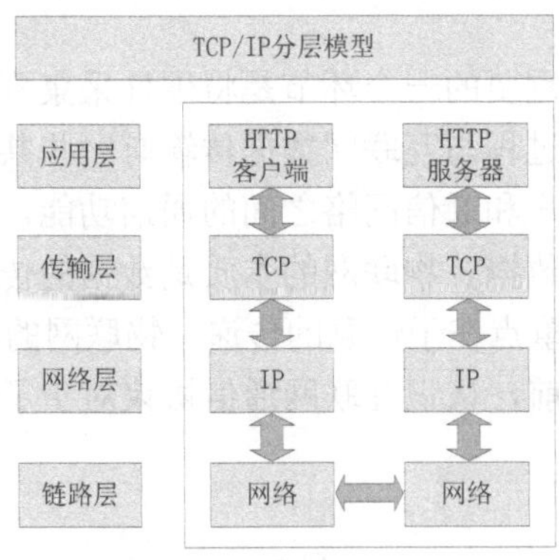

图 1-29　计算机网络架构

客户端和服务器要实现HTTP通信，首先要按照TCP/IP分层模型建立连接，然后按照分层顺序与对方进行通信。发送端发送的信息从应用层向下依次经过传输层、网络层、链路层，接收端从链路层接收到发送端发送的信息后，其反馈的信息会向上依次经过网络层、传输层到达发送端的应用层。在整个分层模型中，HTTP 协议处于应用层，比 TCP 协议所处的传输层更高。只有低层协议建立之后，才能进行高层协议的连接。因此，要建立 HTTP 连接，需要先建立传输层的 TCP 连接。

创建 TCP 连接，需要明确目标服务器的 IP 地址和端口。以 OneNET 平台与中心平台建立 TCP 连接为例，设置“目标 IP”为 183.230.40.40，“端口”为 1811。这些参数在开发者文档中可以进行查询。如图 1-30 所示，在完成配置后，单击“创建”按钮，就可以创建一个 TCP 连接。

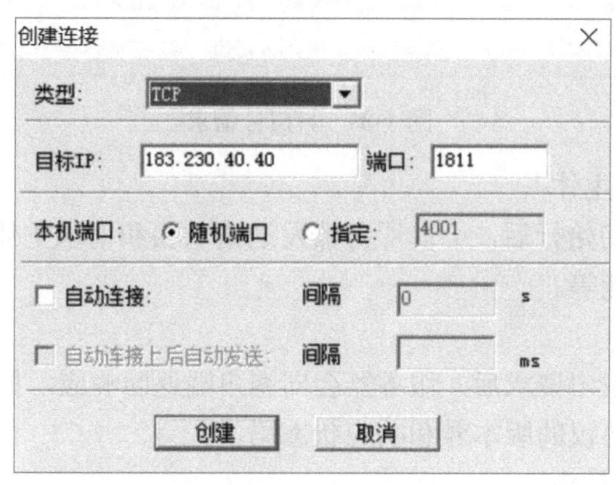

图 1-30　创建 TCP 连接

在建立网络连接时，大家经常听到的是建立 Socket 连接。Socket（套接字）是网络通信过程中端点的抽象表示。提出 Socket 连接的主要原因是在应用层与传输层进行数据通信时，应用层和传输层之间的关系比较复杂。多个 TCP 连接或多个应用程序进程可能需要通过同一个 TCP 协议端口来传输数据。为了区别不同的应用程序进程和连接，许多计算机操作系统为应用程序与 TCP / IP 协议交互提供了 Socket 接口。应用层和传输层可以通过 Socket 接口，区分来自不同应用程序进程或网络连接的通信，实现数据传输的并发服务。

Socket 通常包含进行网络通信所必需的 5 种信息：连接使用的协议，本地主机的 IP 地址，本地进程的协议端口，远程主机的 IP 地址，远程进程的协议端口。

在创建 Socket 连接时，可以指定使用的传输层协议，当使用 TCP 协议进行连接时，该 Socket 连接就是一个 TCP 连接。Socket 连接一旦建立，通信双方就可以开始互相发送数据内容，直到通信双方的连接断开。在实际网络应用中，客户端与服务器的通信往往需要穿越多个中间节点，如路由器、网关、防火墙等，Socket 连接经常会受到这些中间节点的影响。

2．客户端向服务器发送请求初始行

一旦建立了 TCP 连接，客户端就会向服务器发送请求命令。如图 1-31 所示，当我们使用浏览器访问某网址时，客户端就会向服务端发送请求，希望收到与该网址相关的信息。按 F12 键，进入开发者工具界面，就能看到发出的请求及一些相关信息。从图 1-31 中可以看出，左侧是请求的网址 URL，采用的协议是 HTTPS 或 HTTP/2，方法是 GET。这些都是报文的组成部分，后面的章节会对它们进行重点阐述。

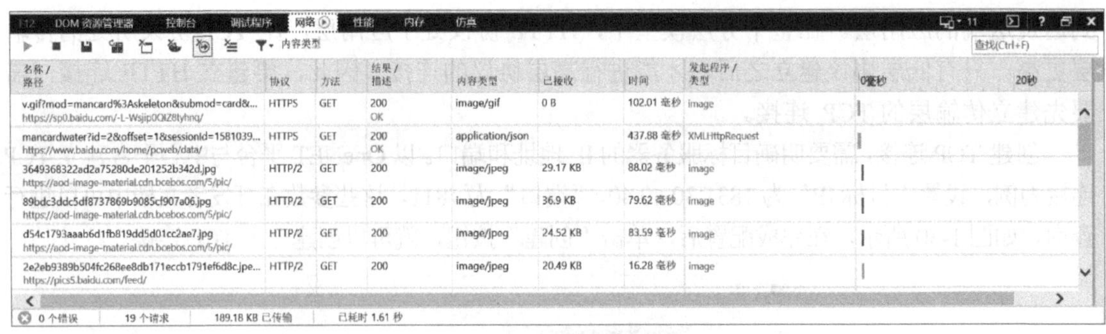

图 1-31　HTTP 请求

3．客户端发送请求主体

客户端在发送请求初始行后，会向服务器发送请求头和请求主体，实现安全鉴权，告知服务器要实现的具体功能等。

4．服务器返回响应

在客户端向服务器发出请求后，服务器会向客户端返回响应，如 HTTP/1.1 200 OK。

响应的第一部分是协议的版本号和响应状态码。

5．服务器返回响应标头

图 1-32 所示为某服务器返回响应标头的示例，响应标头包含了服务器名称、时间等一系列详细信息。

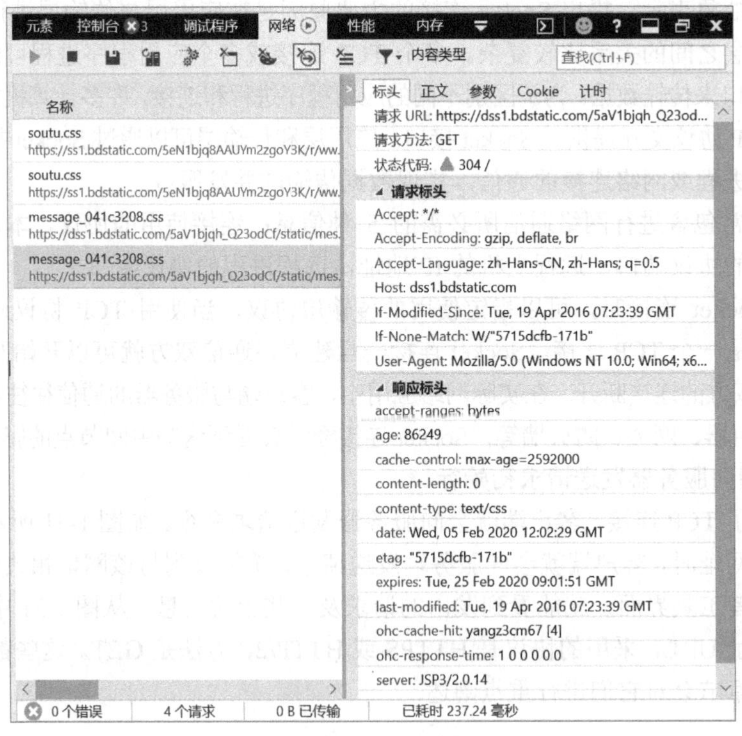

图 1-32　某服务器返回响应标头的示例

6．服务器向客户端发送数据

在服务器向客户端发送响应标头后，它会发送一个空白行来表示响应标头的发送到此结束。随后，以 Content-Type 响应标头所描述的格式向客户端发送用户所请求的实际数据。

7．服务器关闭 TCP 连接

对于 HTTP 1.0 协议而言，一旦服务器向客户端返回了请求数据，就会关闭 TCP 连接。这主要是因为以前的客户端在接收到服务器信息后，需要进行渲染等操作，并且所需时间较长，而服务器在释放连接后，可以处理其他请求。当客户端或服务器在请求标头中加入 Connection:keep-alive 后，TCP 连接在发送后仍然会保持打开状态，客户端可以继续通过相同的连接发送请求。保持连接节省了为每个请求建立新连接所需的时间，还节省了网络带宽。而 HTTP 1.1 协议可以在一次连接中处理多个请求，并且多个请求可以重叠进行，不需要等待一个请求结束后再发送下一个请求。

二、HTTP 协议的特点

HTTP 协议是互联网中应用最普遍的协议，该协议具有以下功能特点。

- 短连接协议。由于 HTTP 协议在每次请求结束后都会主动释放连接，因此 HTTP 连接是一种“短连接”，要保持客户端程序的在线状态，需要不断地向服务器发起连接请求。
- 终端数据点上报，支持的数据点类型包括整型（int）、浮点数（float）、字符串（string）、JSON 格式、二进制数据。
- 平台侧提供相关资源管理。
- 占用资源较多。
- HTTP 协议适用于快速接入设备、轻量级、偏上层的应用接入场景，同时 HTTP 协议的 RESTful 风格接口可以方便开发者进行快速调试，可以避免繁杂的代码编译和烧录过程。需要注意的是，使用 HTTP 协议接入 OneNET 平台的设备，由于协议本身的会话没有保活（Keep Alive）机制，因此设备的在线状态需要开发者根据自己的需要来实现。

知识二　物联网设备特点及常见协议

HTTP 协议是目前使用最多的协议，其简单、灵活，大多应用于互联网的访问，但 HTTP 协议也存在一些不足，如所占资源和带宽较多。该协议采用请求/响应的工作模式，由客户端发出请求，再由服务器给出响应。在这种模式下，服务器无法主动向客户端发送消息。但是这些不足在日常网页访问、手机应用等方面影响不大，这是因为手机、电脑的配置非常强大，可以很好地满足 HTTP 等占用资源较多的协议的应用。考虑到物联网行业的特殊性，这类协议并不能满足所有应用需求。

常见的物联网设备具有以下特点。

- 节点数量多，注重成本。
- 常使用嵌入式 MCU，Flash、RAM 等资源有限。
- 很多场景采用电池供电，要求低功耗。

- 传输的数据量很小。
- 工作环境复杂，常用于户外，对温湿度等条件的要求苛刻。
- 设备可移动，网络状态不稳定。
- 注重设备安全。

物联网设备的上述特点对物联网协议提出了以下要求。

- 轻量级协议栈。
- 低功耗协议。
- 安全的通信。

【想一想】节能环保，从我做起。针对物联网设备，想一想可以从哪些角度实现节能环保？

针对物联网行业应用的特点，已经出现了类似于 MQTT、CoAP 等适合物联网应用的协议。目前，大部分云平台支持 HTTP、MQTT 等主流协议。OneNET 平台是目前支持协议种类较多的平台，它支持 CoAP、MQTT、EDP、TCP、ModBus、HTTP 等多种协议，并提供了详细的技术文档，降低了开发难度。下面介绍几种常见协议及其特点，并给出相应的使用场景建议。

一、EDP 协议

EDP（Enhanced Device Protocol，增强设备协议）是 OneNET 平台根据物联网特点专门定制的、完全公开的、基于 TCP 协议的协议，可以广泛应用到家居、交通、物流、能源及其他行业中。

EDP 协议具有以下特点。

- 长连接协议。
- 服务器可以主动向客户端发消息，客户端也可以向服务器发消息，并且双方互发消息会有应答，而应答消息无须再次响应。
- 可以实现端到端数据转发。
- 整个协议较 HTTP 协议进行了大量简化，更适合资源受限的物联网应用。在客户端向服务器发送消息后，应答消息比较简单，仅反馈成功或失败（若失败，则反馈错误代码），减少了 HTTP 协议大量复杂报文的传输。这类长连接的协议采用心跳机制，定期发送心跳信息，维持在线状态。
- 该协议基于 TCP 协议，只传输数据包到目的地，无法保证传输的顺序与到达的顺序相同，事务机制需要在上层实现；若客户端同时发起两次请求，则在服务器返回时，无法保障返回报文的顺序。
- 平台端提供了两种 QoS 机制以满足不同场景对丢包问题的处理。默认为 0，表示最多发送一次消息，不关心设备是否响应；在设置为 1 时，表示最少发送一次消息，如果设备在收到消息后没有应答，则只要消息在有效期内，就会在下一次设备登录时重发该消息。
- 数据加密传输。
- 终端数据点上报，支持的数据点类型包括整型（int）、浮点数（float）、字符串（string）、JSON 格式、二进制数据。
- 支持平台消息下发（支持离线消息）。

EDP 协议适用于设备和平台需要保持长连接、点对点控制的使用场景，具体包括数据的长连接上报、透传、转发、存储、数据主动下发等场景。以精准农业为例，终端设备可以通过 EDP 协议上传监控区域的空气温湿度、光照度、土壤温湿度、PH 酸碱度、氮磷钾营养值等环境数据，OneNET 平台可以将数据推送到用户的应用服务器上，用户可以利用专家系统对这些数据进行分析，通过控制设备上连接的补光灯、风扇、遮阳棚、喷滴灌等设施，实现智能调节和控制，使得农作物生长环境始终处于最佳状态，以达到高效和高产目标。

二、MQTT 协议

MQTT 协议是一个面向物联网应用的即时通信协议，使用 TCP/IP 协议提供网络连接，能够对负载内容实现消息屏蔽传输，开销小，可以有效降低网络流量。

MQTT 协议具有以下特点。

- 长连接协议。
- 终端数据点上报，支持的数据点类型包括整型（int）、浮点数（float）、字符串（string）、JSON 格式。
- MQTT 协议与我们熟知的网络协议不同，采用发布/订阅的工作模式，基于主题（topic）的订阅、发布及消息推送，可以实现设备间的消息单播及组播。例如，用户可以订阅公众号，公众号在发布新内容后，会立即推送给用户。MQTT 协议也可以实现类似于公众号的功能，提供一对多的消息分发，用户在订阅某个 topic 后，就能收到该 topic 下的信息。
- 支持平台消息下发。
- 传输消耗和协议数据量均较小，可以很好地满足物联网产品及应用的特点。
- 支持 TLS 安全传输。
- 提供了 3 种 QoS 机制：QoS0 表示无论消息是否丢失，都不重发；QoS1 表示最少收到一次消息，确保消息到达用户，这种模式容易造成用户收到重复消息；QoS2 表示通过增加步骤，使用两阶段确认来保证消息的不丢失和不重复，用户肯定会收到消息且只收到一次。

MQTT 协议适用于设备和平台需要保持长连接的使用场景，MQTT 协议的特点在于可以实现设备间的消息单播及组播，可以不依赖其他服务（下发命令服务、推送服务等），让设备实现以应用服务器的方式对真实设备进行管理和控制。以门禁系统为例，应用服务器（虚拟设备）可以订阅每个门禁（真实设备）的统计数据的 topic，对所有门禁的数据进行统计分析，每个门禁也可以订阅自身开关门的 topic，应用服务器可以据此远程控制每个门禁的状态。

三、CoAP 协议

在 OneNET 平台中，CoAP 协议主要用于 NB-IoT。NB-IoT（Narrow Band Internet of Things）是基于蜂窝的窄带物联网，主要聚焦于低功耗、广覆盖物联网市场，是一种可以在全球范围内广泛应用的新兴技术。基于 NB-IOT 的 LwM2M 协议和 CoAP 协议实现了 UE（用户终端）与 OneNET 平台的通信。在实现数据传输的协议中，传输层协议为 CoAP 协议，应用层协议则通过 LwM2M 协议实现。下面主要介绍传输层协议 CoAP。

CoAP（Constrained Application Protocol，受限应用协议）是一种在物联网世界的类 Web 协议，它的详细规范定义在 RFC 7252 中。顾名思义，CoAP 协议使用在资源受限的物联网设备上。物联网设备的 RAM、ROM 通常都非常小，不适合运行 TCP 和 HTTP 等需要较多资源的协议。为了使小设备可以接入互联网，CoAP 协议应运而生。

CoAP 协议具有以下特点。

- 基于 REST 架构，Server 的资源地址和互联网一样，也有类似于 URL 的格式，采用请求/响应的工作模式，支持 GET/POST/PUT/DELETE 四种请求方式，与 HTTP 协议类似，但是对 HTTP 协议进行了简化。CoAP 协议是二进制格式的，HTTP 协议是文本格式的，CoAP 协议比 HTTP 更加紧凑。
- 传输层基于轻量级的 UDP 协议，在数据格式上进行了简化，比 HTTP 协议的数据量小很多，具有重传机制。与 TCP 协议相比，UDP 协议提供的是非面向连接的、不可靠的数据流传输，可能存在丢包风险。当一个 UDP 数据包在网络中移动时，发送进程并不知道它是否到达了目的地，除非应用层已经确认了它已到达的事实。虽然 UDP 协议不如 TCP 协议可靠，但是 UDP 协议占用资源较少，一次传输的报文少，即使出现传输错误，也可以通过重新传输来弥补，需要付出的代价并不大。这种占用资源较少的协议，很适合物联网场景的应用。CoAP 协议通过两种 QoS 机制来满足不同场景对丢包问题的处理：一种是可靠的 CoAP 消息，这类消息为 CON 类型，CON 类型要求有响应，如果超时未收到响应，就要重发，这一机制占用资源较多、效率较低，但是比较可靠；另一种是不可靠的 CoAP 消息，这类消息为 NON 类型，NON 类型不关心消息是否丢失，也不需要重发，这一机制效率较高，但存在丢包风险。
- 支持观察者模式，由客户端申请观察，然后将主动权交给服务器。只有在资源变化时，服务器才会将资源信息按需投递给客户端。这一特点解决了 HTTP 服务器无法主动向客户端发送消息的局限性，比 HTTP 协议更适合物联网应用开发。
- 支持 IP 多播，可以同时向多个设备发送请求。
- 轻量化。CoAP 协议的报头的最小长度仅为 4 字节，HTTP 协议的报头需要几十字节。
- 功耗低，非长连接，适用于低功耗物联网场景。

搭配 NB-IoT 硬件，这类协议广泛适用于对电量需求低、覆盖深度广、终端设备海量连接及对设备成本敏感的环境。典型应用场景包括智慧停车、智慧抄表、智慧井盖、智慧路灯。

知识三　各协议对比

在物联网协议的选取过程中，需要针对不同协议的特点及应用场景，进行综合考量。常见协议的对比如表 1-1 所示。

表 1-1　常见协议的对比

通信协议	工作模式	连接	传输层	传输层安全	是否适合资源受限	QoS	访问
HTTP	请求/响应	短连接	TCP	TLS	否	—	URL
CoAP	请求/响应	无连接	UDP	DTLS	是	2	URL
MQTT	发布/订阅	长连接	TCP	TLS	是	3	topic
EDP	请求/响应	长连接	TCP	RAS	是	2	URL

在实际应用中，需要综合考虑上述特点，结合应用方案，综合选择合适的协议，才能实现较好的应用效果。

任务四　API 调试

云平台创建的应用要实现具体功能，必须从终端接收数据点或从云平台下发命令至终端。在本任务中，以模拟终端上传数据点为例，通过 API 调试的方式将协议的概念更好地与实际应用结合起来，完整地展示一个物联网应用。

API 表示应用程序编程接口，是终端设备与 OneNET 平台进行信息交互的窗口。OneNET 平台提供开放的 HTTP/HTTPS API 接口。用户可以使用 API 进行设备管理、数据查询、设备命令交互等操作。API 调试便于用户直接使用网页进行简单的接口操作。使用 API 调试可以更好地理解底层代码的含义，也可以在后续进行底层开发前验证目标功能，从而减少底层开发的错误概率，降低底层硬件反复烧写带来的硬件损耗。

知识一　HTTP 报文

HTTP 报文是实现 HTTP 协议最重要的一部分。只有清楚了解报文的组成，才能进行 API 调试及后期的代码移植。具体来说，HTTP 报文是指用于 HTTP 协议交互的信息。请求端（客户端）的 HTTP 报文叫作请求报文；响应端（服务器端）的 HTTP 报文叫作响应报文。HTTP 的工作过程主要是围绕请求报文和响应报文来进行的。HTTP 报文本身是由多行数据构成的字符串文本。

一、HTTP 报文结构

HTTP 报文一般分为两类：请求报文和响应报文。请求报文会向 Web 服务器请求一个动作，响应报文则会将请求的结果返回给客户端。

1．请求报文

请求报文包括起始行、头部和主体 3 部分。起始行包含请求方式、请求的 URL 和协议版本，是请求报文必须包含的内容；头部包含信息较多，但并不是必需的；主体包含上传至服务器的信息主体。不同请求方式对于报文主体的要求不同，部分请求方式没有请求主体，会在请求方式的介绍中给出具体要求。

- 起始行：<method> <request-URL> <version>。
- 头部：<headers>。
- 主体：<entity-body>。

示例如下：

```
起始行：
POST http://api.heclouds.com/devices/device_id/datapoints HTTP/1.1
头部：
User-Agent:Fiddler
api-key:xxxxxxxxxxxxxx
HOST:api.heclouds.com
Content-Length:11
主体：
{"temp":66}
```

上述示例是 OneNET 平台上传数据点的案例。从起始行可以看出，该示例采用 POST 请求方式，将主体内容提交至相应的 URL。头部包含了用户信息、APIkey、服务器主机名和主体长度。该请求采用了 Fiddler 协议调试工具进行调试，api-key 用于安全鉴权，服务器主机名为 OneNET 平台提供的主机名，主体长度为 11 字节。主体采用 JSON 数据格式，名称为 temp、值为 66。后续将对 JSON 数据格式进行详细介绍。

下面对各模块进行具体介绍。

（1）method：请求方式，表示客户端希望服务器对资源执行的动作。目前，常见的请求方式如表 1-2 所示。

表 1-2 常见的请求方式

方 式	描 述
GET	通常用于请求服务器发送某个资源，不包含主体。在云平台应用中，通常用于查询相关指令
POST	向服务器发送数据，常用于 HTML 表单，包含主体。在云平台应用中，通常用于新建设备、新建数据流等相关指令
PUT	让服务器用请求的主体部分来创建一个由所请求的 URL 命名的新文档，包含主体。如果该 URL 已经存在，就用这个主体来替代它。在云平台应用中，通常用于更新信息相关指令
DELETE	让服务器删除请求 URL 所指定的资源，但是客户端应用程序无法保证删除操作一定会被执行，因为 HTTP 规范允许服务器在不通知客户端的情况下撤销请求，不包含主体。在云平台应用中，通常用于删除设备、删除数据流等相关指令

除了上述 4 种请求方式，还有 HEAD、OPTIONS、TRACE、CONNECT 等请求方式。

（2）request-URL：在浏览器地址栏中输入的网址。浏览器通过 HTTP 协议，提取 Web 服务器上该站点的网页代码，并转换成浏览者可查看的网页内容。

（3）version：协议版本，如 HTTP 1.1。

（4）header：HTTP 客户端向服务器发送请求时必须发送起始行，并指明请求类型。如果有必要，客户程序还可以选择发送其他的 header。大多数 header 并不是必需的，但对于 POST 请求来说，Content-Length 必须出现。

常见的请求报文头部字段含义如下所述。

- Content-Length：表示请求消息正文的长度。
- Host：客户机通过这个字段告诉服务器，它想访问的主机名是什么。Host 字段指定请求资源的 Internet 主机和端口号，表示请求 URL 的原始服务器或网关的位置。
- Referer：客户机通过这个字段告诉服务器，它是从哪个资源访问服务器的（防盗链）。它包含一个 URL，用户可以从该 URL 代表的页面出发，访问当前请求的页面。
- User-Agent：User-Agent 字段的内容包含发出请求的用户信息。如果 Servlet 返回的内容与浏览器类型有关，则该值非常有用。
- Cookie：服务器通过这个字段来辨认客户端状态，这是重要的请求报文头部信息之一。
- Connection：在处理完这次请求后，是否断开连接。通常 HTTP 协议默认为，在服务器响应客户端的请求后，自动断开连接。通过 Connection 的设置，可以实现在服务器响应后不自动断开连接，设置方式为 Connection:keep-alive。

在客户端发送包含 Connection 的请求后，服务器会给予响应，并回复一个包含 Connection:keep-alive 的响应，不关闭连接，否则会回复一个包含 Connection:close 的响应，关闭连接。如果客户端收到包含 Connection:keep-alive 的响应，则向同一个连接发送下一个请求，直到一方主动关闭连接。在很多情况下，采用 keep-alive 能够多次使用连接，减少资源消耗，缩短响应时间。

- api-key：为提高 API 访问安全性，OneNET API 的鉴权参数作为 header 参数存在。鉴权参数有两种形式，如表 1-3 所示。其中，token 是动态的，采用这种鉴权方式会更加安全、可靠。

表 1-3　鉴权参数的形式

header 参数名	header 参数值
"api-key"	apiKey（直接传输密钥）
"Authorization"	由参数组构成的 token

2．响应报文

与请求报文类似，响应报文也包括起始行、头部和主体 3 部分。起始行包含版本、反馈的状态代码及对其的解释；头部包含连接状态、服务器下发至客户端的内容的类型及长度、时间等一系列信息；主体是服务器下发至客户端的具体内容。

- 起始行：<version> <status> <reason-phrase>。
- 头部：<headers>。
- 主体：<entity-body>。

示例如下：

```
起始行：
    HTTP/1.1 200 OK
头部：
    Date: Fri, 7 Feb 2020 08:05:39 GMT
    Content-Type: application/json
    Content-Length: 26
```

```
    Connection: keep-alive
    Server: Apache-Coyote/1.1
    Pragma: no-cache
主体：
    {"errno":0,"error":"succ"}
```

上述示例给出了在 OneNET 平台上传数据成功后，服务器的反馈信息。在起始行中，200 表示服务器处理成功。在头部中，可以看出响应的日期和时间；反馈内容的类型为 JSON 数据流，长度为 26；连接使用 keep-alive，表示处理完不关闭连接；Server 表示服务器；Pragma 用于不同版本间的兼容。主体是 JSON 数据流，具体解析可以查询网站给出的说明，此处表示整个操作成功完成。

通常客户端在执行请求后，会收到状态代码，用来表示请求操作是否成功执行。在请求成功后，反馈的状态代码为 200；在请求失败后，同样会反馈相应的状态代码，下面给出常见的状态代码及对应的含义。

（1）201～206：服务器成功处理了请求，网页可以正常访问。

200：服务器已成功处理了请求，通常表示服务器提供了请求的网页。

201：请求成功且服务器已创建了新的资源。

202：服务器已接受了请求，但尚未对其进行处理。

203：服务器已成功处理了请求，并返回了可能来自其他途径的信息。

204：服务器已成功处理了请求，但未返回任何内容。

205：服务器已成功处理了请求，但未返回任何内容。与 204 不同，此状态代码要求请求者重置文档视图（如清除表单内容以输入新内容）。

206：服务器已成功处理了部分 GET 请求。

（2）300～307：需要用户进一步操作才能完成请求。

300：服务器根据请求可以执行多种操作。服务器可以根据请求者的操作选择一项操作，或者提供操作列表供其选择。

301：请求的网页已被永久移动到新位置。服务器在返回此响应时，会自动将请求者转到新位置。

302：服务器目前正在从不同位置的网页响应请求，但请求者应继续使用原位置的网页来进行以后的请求。服务器会自动将请求者转到不同的位置。浏览器会在重定向后的请求中将 POST 方式改为 GET 方式。

303：当请求者对不同的位置进行单独的 GET 请求以检索响应时，服务器会返回此状态代码。

304：自从上次请求后，请求的网页未被修改过。在服务器返回此状态代码时，不会返回网页内容。

305：请求者只能使用代理访问请求的网页。如果服务器返回此状态代码，则服务器会指明请求者应当使用的代理。

307：服务器目前正在从不同位置的网页响应请求，但请求者应继续使用原位置的网页来进行以后的请求。服务器会自动将请求者转到不同的位置。307 与 302 的差异在于，307 状态代码不允许浏览器将原本为 POST 的方式重定向为 GET 方式。

（3）400～417：表示请求可能出错，会妨碍服务器的处理。

400：服务器不理解请求的语法。

401：此页要求授权。

403：服务器拒绝请求。

404：服务器找不到请求的网页。

405：禁用请求中指定的方法。

406：无法使用请求的内容特性响应请求的网页。

407：此状态代码与 401 类似，但指定请求者必须授权使用代理。如果服务器返回此状态代码，则表示请求者应当使用代理。

408：服务器在等候请求时发生超时。

409：服务器在完成请求时发生冲突。

410：在请求的资源永久删除后，服务器会返回此状态代码。此状态代码与 404 相似，但在资源以前存在而现在不存在的情况下，有时会被用来替代 404。

411：服务器不接受不含有效内容长度标头字段的请求。

412：服务器未满足请求者在请求中设置的其中一个前提条件。

413：服务器无法处理请求，因为请求实体过大，超出服务器的处理能力。

414：请求的 URI 过长，服务器无法处理。

415：请求的格式不被请求页面支持。

416：如果页面无法提供请求的范围，则服务器会返回此状态代码。

417：服务器未满足“期望”请求标头字段的要求。

（4）500～505：服务器在尝试处理请求时发生内部错误。这些错误可能是服务器本身的错误，而不是请求出错。

500：服务器遇到错误，无法完成请求。

501：服务器不具备完成请求的功能。例如，当服务器无法识别请求方法时，服务器可能会返回此状态代码。

502：服务器作为网关或代理，从上游服务器收到了无效的响应。

503：目前无法使用服务器（由于超载或进行停机维护），通常只是一种暂时的状态。

504：网关超时。服务器作为网关或代理，未及时从上游服务器接收请求。

505：服务器不支持请求中所使用的 HTTP 协议版本。

知识二　JSON 数据格式

在上传数据的过程中，需要按照符合协议要求的规则给出请求报文。请求报文中的主体，也就是需要上传的数据必须满足一定的格式才能被正确地解读。JSON 是 OneNET 平台使用较多的数据交换格式之一。JSON 是 JavaScript Object Notation 的缩写，是一种轻量级数据交换格式。它是基于 ECMAScript（欧洲计算机协会制定的 JS 规范）的一个子集，采用完全独立于编程语言的文本格式来存储和表示数据。简洁和清晰的层次结构使得 JSON 成为理想的数据交换语言。JSON 数据格式易于读者阅读和编写，同时也易于机器解析和生成，可以有效地提升网络传输效率。

一、JSON 数据格式的结构特点

JSON 数据格式比较直观、易读。通过以下示例，我们可以直观地了解 JSON 数据格式。仅从字面来看，该示例的含义也非常直观，它描述了 3 个学生的信息，给出了这些学生的姓和名。

```
{
    "students": [
        {
            "firstName": "Dan",
            "lastName": "Li"
        },
        {
            "firstName": "Lin",
            "lastName": "Ma"
        },
        {
            "firstName": "Qing",
            "lastName": "Wang"
        }
    ]
}
```

结合上述示例，JSON 数据格式有以下结构特点。

1．{ }包含对象

对象由名称/值对组成，{}内包括的名称/值对可以是一对，也可以是多对，多对名称/值对之间由逗号进行分隔。名称通常是字符串，用""表示。名称后用冒号与值进行分隔。值的类型有很多种，可以是整型数、浮点数、字符串、布尔值、数组，也可以是嵌套对象。

例如：{"temp":22, "hum":47}。

2．[ ]包含数组

数组内包含的元素可以是整型数、浮点数、字符串、布尔值，也可以是嵌套对象或嵌套数组。元素间用逗号进行分隔。

例如：[1,2, "3",{"temp":22}]。

3．JSON 数据流示例

分析 JSON 数据流，需要将整个数据流的格式厘清，找到对应的标点符号，进行分层分析。下面给出 3 个实际 JSON 数据流。

（1）示例 1。

```
{
    “flag” : “01”,
    “message” : “继电器”,
    “property” :{
                    “Electricity” :[{ “voltage” : “12V”,
                                     “current” : “1A”}],
```

```
                "V" : "speed"
            },
    "value" :[{
                "Date" : 20200302,
                "id" : 1234}]
    }
```

该 JSON 数据流包含 4 个名称/值对。

第一个：名称为 flag，值为 01。

第二个：名称为 message，值为继电器。

第三个：名称为 property，值为对象格式。与实际应用相结合，一般继电器的属性参数较多，此处选择了电属性和转速，分别用名称/值对来表示。因此，该对象包含两个名称/值对：第一个名称为 Electricity，值为数组，数组内的元素又为嵌套的对象，包含电压、电流两项，名称为 voltage 和 current，值分别为 12V、1A；第二个名称为 V，值为 speed。

第四个：名称为 value，值为数组。数组元素为对象，包含两个名称/值对：第一个名称为 Date，值为 20200302；第二个名称为 id，值为 1234。

（2）示例 2。

```
{
    "datastreams": [{
            "id": "Lum",
            "datapoints": [{"value": 50}]
        }
    ]
}
```

上述示例为上传一个数据点的典型结构。上传数据点是将数据点放入某个数据流内，操作对象为数据流。被操作的数据流包含两个参数：数据流名称 id 和具体的数据点 datapoints。id 的值为 Lum，datapoints 可以包含很多信息，此处仅包含数值，具体值为 50。

（3）示例 3。

当上传的数据点涉及多个数据流，每个数据流包含多个数据点，并且每个数据点的信息不仅包含值，还包含创建的时间时，整个 JSON 数据流会比较复杂。OneNET 平台给出了上传数据点的 JSON 数据流参考格式，具体如下：

```
{
    "datastreams": [{
            "id": "Lum",
            "datapoints": [{
                    "at": "2020-02-10T00:35:43",
                    "value": "bacd"
                },
                {
                    "at": "2020-02-10T00:55:43",
                    "value": 84
                }
```

```
                ]
            },
            {
                "id": "key",
                "datapoints": [{
                        "at": "2020-02-10T00:35:43",
                        "value": {
                            "x": 123,
                            "y": 123.994
                        }
                    },
                    {
                        "at": "2020-02-10T00:35:43",
                        "value": 23.001
                    }
                ]
            }
        ]
    }
```

上述数据流包含两个数据流。

第一个数据流名称为 Lum，包含两个数据点：一个是 2020-02-10T00:35:43 采集的数据点，值为 bacd；另一个是 2020-02-10T00:55:43 采集的数据点，值为 84。

第二个数据流名称为 key，包含两个数据点：一个是 2020-02-10T00:35:43 采集的数据点，值包含两个维度，x 维度的值为 123，y 维度的值为 123.994；另一个是 2020-02-10T00:35:43 采集的数据点，值为 23.001。

二、JSON 编解码

JSON 格式是独立于编程语言的文本格式，在应用于底层开发时，需要与底层开发语言进行转换。很多编程语言都支持 JSON 格式，在 http://www.json.org/json-zh.html 中可以查询所使用的编程语言是否支持 JSON 格式。

以 Python 为例，通过 JSON 对字符串进行编码和解码，可以将 Python 对象与 JSON 数据流进行切换。两种语言数据类型的对应关系如表 1-4 所示。

表 1-4 两种语言数据类型的对应关系

JSON	Python
object	dict
array	list
string	str
number (int)	int
number (real)	float
true	True
false	False
null	None

在 Python 中，常用于编解码的两个函数为 json.dumps()和 json.loads()。其中，json.dumps()函数将 Python 对象编码成 JSON 字符串，json.loads()函数将已编码的 JSON 字符串解码为 Python 对象。

json.dumps()函数的参数是 Python 对象，返回一个 JSON 数据流。

例如：json.dumps(['foo', {'bar': ('baz', None, 1.0, 2)}])。

返回：'["foo", {"bar": ["baz", null, 1.0, 2]}]'。

json.loads()函数的参数是 JSON 数据流，返回一个 Python 对象。

例如：json.loads('["foo", {"bar":["baz", null, 1.0, 2]}]')。

返回：['foo', {'bar': ['baz', None, 1.0, 2]}]。

实验一　API 调试上传数据点

【实验目的】

（1）掌握常见的 HTTP POST 请求含义及操作。

（2）能够使用 JSON 数据格式构建数据点。

（3）能够查阅开发者文档。

【实验设备】

一台 PC，可连接 Internet。

【实验要求】

查阅 OneNET 平台提供的开发者文档，实现通过 API 调试新建数据流，并在该数据流下上传一个数据点。具体实验要求包括：

（1）使用 API 调试。

（2）对已创建设备，采用 API 调试界面创建数据流。

（3）在该数据流下，上传一个数据点。

【实验步骤】

一、选择产品

在控制台首页，在“全部产品”选项中，选择“多协议接入”选项，如图 1-33 所示。

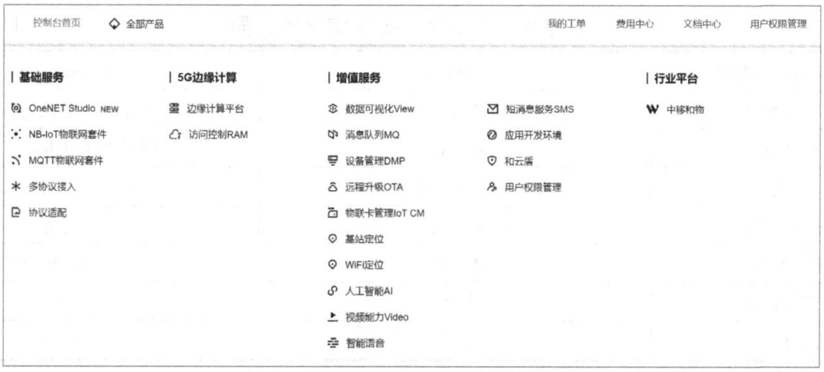

图 1-33　选择“多协议接入”选项

二、创建产品

采用 HTTP 协议创建产品，并填写相关信息，需要填写“产品名称”“产品行业”“产品类别”“联网方式”“设备接入协议”“操作系统”“网络运营商”等一系列信息，如图 1-34 所示。

图 1-34　新建产品信息

在上述信息中，将“设备接入协议”设置为 HTTP，其余信息均为网站对产品信息进行的调研，不影响后续接入效果，可以由用户自行定义。

在填写完毕后，单击“确定”按钮，完成产品创建。

在产品注册完成后，选择“产品概况”标签，可以查询产品参数，如图 1-35 所示。其中，产品 ID 和鉴权信息两项参数在后续数据上传过程中将被使用。

产品ID	用户ID	Master-APIkey	access_key	设备接入协议
170677	98475	查看	查看	HTTP

图 1-35　产品参数

OneNET 平台提供了两类安全鉴权信息：APIkey 和 access_key。这两类安全鉴权信息均可以使用，其差异如表 1-5 所示。

表 1-5　两类安全鉴权信息的差异

安全鉴权信息的差异	APIkey	access_key
核心密钥更新	不支持	支持（即将到来）
鉴权参数	apiKey	由多个参数组构成的 token
传输内容	apiKey（直接传输密钥）	token，不含密钥
访问时间控制	不支持	支持
自定义权限	不支持	支持（即将到来）
设备资源占用	较低	较高
安全性	较低	较高

三、创建设备

在同一类产品下，可以添加多个设备，并且每一个设备都将与一个实际设备相对应。如图 1-36 所示，选择“设备列表”标签，在出现的界面中添加设备。

图 1-36 添加设备

单击“添加设备”按钮，弹出“添加新设备”对话框，如图 1-37 所示，填写“设备名称”“设备编号”“数据保密性”等信息。

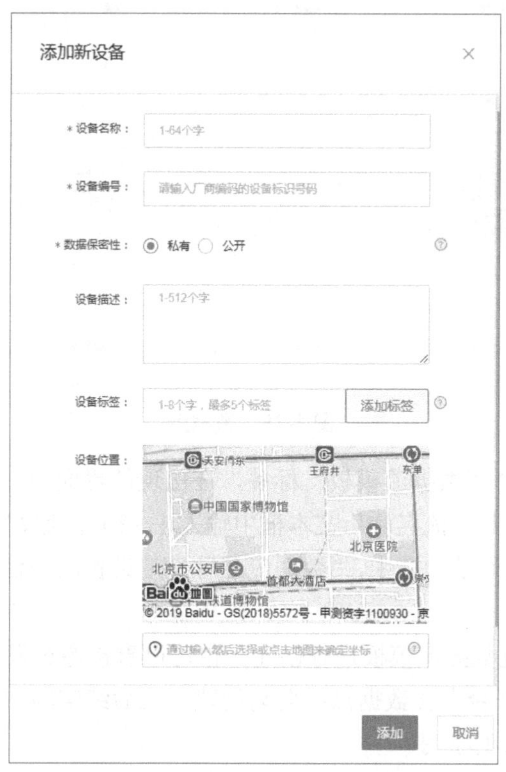

图 1-37 “添加新设备”对话框

设备名称为用户自定义的设备名称，该参数可重复。参数长度为 1～64 个字。

在同一类产品下，设备编号需要唯一确定。为了更好地区分不同设备，建议使用对应实际设备的 SN 号、IMEI 号等唯一标识作为设备编号。参数长度为 1～512 个字。

“设备保密性”包含“私有”和“公开”两个选项，默认为“私有”。如果选中“私有”单选按钮，则后续生成的轻应用将无法分享、展示给其他用户。

单击“添加”按钮，完成设备创建。

在设备创建完成后，选择“设备列表”标签，即可看到所有该产品下添加的设备。选择任一设备，选择“详情”选项，可以查看该设备对应的信息。其中，设备 ID、APIkey 等几项参数较为重要。需要特别注意的是设备 ID 和产品 ID 之间的差异，这也将在后续应用中具体体现。

四、创建数据流

每个设备都可以通过一个或多个数据流来记录该设备上传的各项参数。每个数据流都由不同时刻的具体参数组成，如图 1-38 所示。例如，针对某个设备，创建 temperature 这一数据流来记录该设备采集到的温度值。数据点是某一个具体时刻采集到的温度值。数据流则由若干个数据点组成。

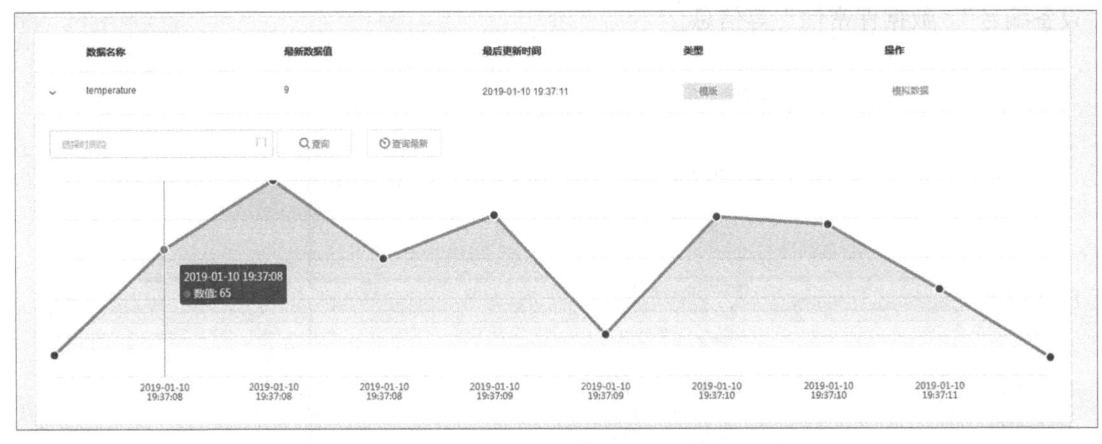

图 1-38　数据流

如图 1-39 所示，选择“数据流模板”标签，在出现的界面中，单击“添加数据流模板”按钮，创建数据流。在“数据流名称”文本框中输入 1～30 个英文字母、数字或符号。“单位名称”和“单位符号”可选填。其中，“数据流名称”是设备向平台发送的参数名，一旦填写后就不可修改了。

数据流不仅可以通过数据流模板进行创建，也可以直接通过发送请求报文进行创建，还可以在底层向 OneNET 平台上传数据点时自动创建。在后续实验中，我们可以通过实际操作进行不同数据流创建方式的学习。

图 1-39　创建数据流

五、查询设备 ID

在上述框架搭建完成后，选择“设备列表”标签，记录设备 SN123 对应的设备 ID。

六、查询 APIkey

选择“产品概况”标签，查看产品信息，记录 Master-APIkey，如图 1-40 所示。

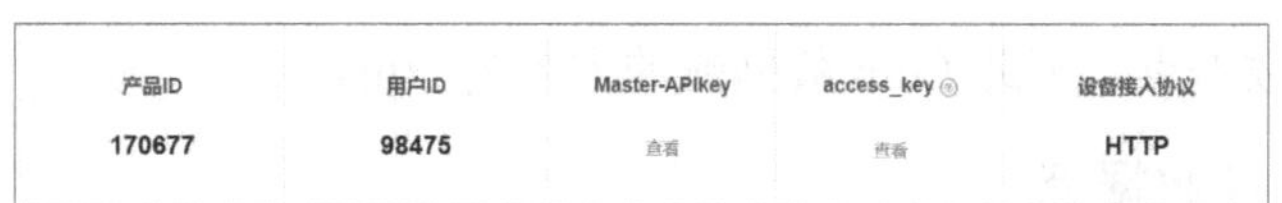

产品ID	用户ID	Master-APIkey	access_key	设备接入协议
170677	98475	查看	查看	HTTP

图 1-40　产品信息

七、采用 API 调试创建数据流

打开 OneNET 平台开发者文档，执行“多协议接入”→“开发指南”→“HTTP”→“协议接口列表”操作，可以查阅具体操作说明。

采用 API 调试创建一个名称为 Lum 的数据流。打开 API 调试，输入如下信息，构建请求报文：

```
请求方法：POST
URL：http://api.heclouds.com/devices/device_id/datastreams，其中 device_id 替换为设备 ID
APIkey：Master-APIkey
HTTP 请求参数：
{
    "id": "Lum",
    "tags": ["mobile"],
    "unit": "lux",
    "unit_symbol": "lux"
}
```

其中，id 为数据流名称，tags、unit、unit_symbol 分别表示标签、单位、单位符号。第一项为必需项，后三项为非必需项。

返回信息如下：

```
{
    "errno": 0,
    "data": {
        "ds_uuid": "f91c7df0-abb4-5111-a6f0-29079185b6f9"
    },
    "error": "succ"
}
```

其中，errno 为 0，error 为 succ，表示数据流创建成功。ds_uuid 表示数据流平台内部的唯一 ID。

选择“设备列表”标签，在该设备下，选择“数据流”选项，就可以看到新建的 Lum 数据流，如图 1-41 所示。

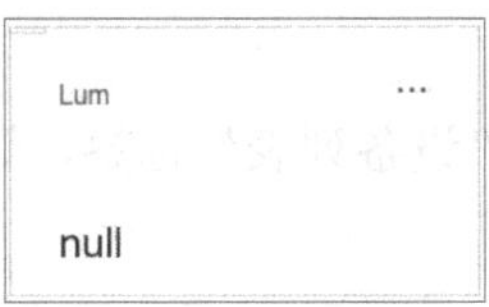

图 1-41 Lum 数据流

由于尚未上传数据点，因此 Lum 数据流的内容为 null。

八、构建 JSON 数据流

以 Lum 数据流为例，在该数据流下上传一个数据点，该数据点的值为 50，构建如下 JSON 数据流：

```
{
    "datastreams": [{
            "id": "Lum",
            "datapoints": [{
                    "value": 50
                }
            ]
        }
    ]
}
```

其中，对象名称为 datastreams，值为数组。数组中又嵌套了对象，该对象包含两个名称/值对：第一个名称为 id，值为 Lum，表示上传数据点至名称为 Lum 的数据流；第二个名称为 datapoints，表示数据点，其对应值的格式为数组，表示可以设置数据点的多个参数，此处仅设置了数值，也可以设置日期等信息。

九、上传数据点

打开 API 调试，如图 1-42 所示，输入如下信息，构建请求报文：

```
请求方法：POST
URL：http://api.heclouds.com/devices/device_id/datapoints，其中 device_id 替换为设备 ID
```

```
APIkey：Master-APIkey，该参数在产品概况中进行查询
HTTP 请求主体：步骤八中构建的 JSON 数据流
```

单击“执行请求”按钮，可看到返回信息如下：

```
{
    "errno": 0,
    "error": "succ"
}
```

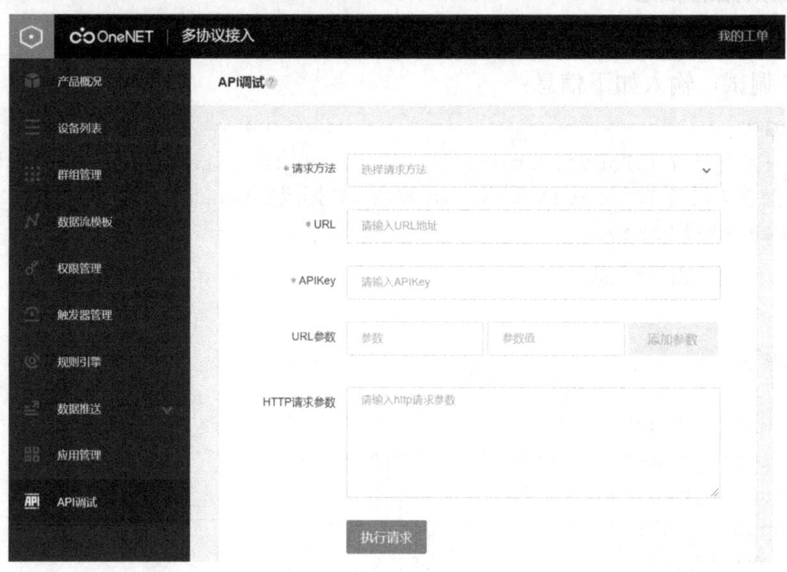

图 1-42　API 调试

上述信息表示上传数据点成功，此时可以选择“设备列表”标签，在该设备下的数据流内查看数据点。

实验二　API 调试操作数据流

【实验目的】

（1）掌握常见的 HTTP PUT、DELETE、GET 请求含义及操作。

（2）能够使用 API 调试对数据流进行操作。

（3）能够查阅开发者文档。

【实验设备】

一台 PC，可连接 Internet。

【实验要求】

查阅 OneNET 平台提供的开发者文档，针对实验一中通过 API 调试的方式创建的数据流，同样采用 API 调试的方式实现对数据流的查询、更新、删除等操作。具体实验要求包括：

（1）查询数据流信息。

（2）更新数据流信息。

（3）查询更新后的数据流信息。

（4）删除该数据流。

【实验步骤】

一、查询数据流信息

与查询信息相关的操作，主要采用 HTTP 请求方式 GET。

打开 API 调试，输入如下信息：

```
请求方法：GET
URL：http://api.heclouds.com/devices/device_id/datastreams/datastream_id，其中 device_id 替换为设备 ID，datastream_id 替换为数据流名称 Lum
APIkey：Master-APIkey
```

执行请求，返回如下信息：


```
{
    "errno": 0,
    "data": {
        "unit": "lux",
        "create_time": "2020-03-02 10:47:39",
        "unit_symbol": "lux",
        "update_at": "2020-03-02 10:59:01",
        "id": "Lum",
        "tags": [
            "mobile"
        ],
        "current_value": 50
    },
    "error": "succ"
}
```


在返回信息中，errno 为 0，error 为 succ，表示成功查询该数据流信息。在具体信息中，给出了单位、数据流创建时间、单位符号、数据流更新时间、数据流名称、标签、当前数值等一系列信息。这些信息与前面的创建信息相符。

二、更新数据流信息

与更新信息相关的操作，主要采用 HTTP 请求方式 PUT。

打开 API 调试，输入如下信息：

```
请求方法：PUT
URL：http://api.heclouds.com/devices/device_id/datastreams/datastream_id，其中 device_id 替换为设备 ID，datastream_id 替换为数据流名称 Lum
APIkey：Master-APIkey
HTTP 请求参数：
```

```
{
    "tags": ["mobile"],
    "unit": "lx",
    "unit_symbol": "lux"
}
```

将 unit 选项的 lux 改为 lx。执行请求，输出如下信息：

```
{
    "errno": 0,
    "error": "succ"
}
```

表示执行该请求成功。

再次查询该数据流信息，得到如下结果：

```
{
    "errno": 0,
    "data": {
        "unit": "lx",
        "create_time": "2020-03-02 10:47:39",
        "unit_symbol": "lux",
        "update_at": "2020-03-02 19:13:55",
        "id": "Lum",
        "tags": [
            "mobile"
        ],
        "current_value": 50
    },
    "error": "succ"
}
```

从上述查询结果中可以看到，unit 的值已改为 lx。

在本实验中，通过数据流模板创建的数据流，不能通过 API 调试进行更新、删除等操作。这是因为 OneNET 平台开放的 API 权限主要针对设备，并未针对数据流模板开放权限。从 http://api.heclouds.com/devices/device_id/datastreams 中可以看出，通过 API 创建的数据流是某个具体设备下的数据流。通过数据流模板创建的数据流，不仅对一个设备有效。两者的作用范围不同。使用 PUT 请求方式进行的更新操作，仅针对某个设备下的数据流，不能操作通过数据流模板创建的数据流。

三、删除数据流

打开 API 调试，输入如下信息：

```
请求方法：DELETE
URL：http://api.heclouds.com/devices/device_id/datastreams/datastream_id，其中 device_id 替换为设备 ID，datastream_id 替换为数据流名称 Lum
APIkey：Master-APIkey
```

执行请求，返回如下信息：

```
{
    "errno": 0,
    "error": "succ"
}
```

表明删除数据流成功。选择“设备列表”标签，在该设备的数据流选项下，已经无法看到该数据流了。

上述内容仅为部分 API 调试内容，通过 OneNET 开发者文档可以查看更多 API 调试可实现的功能。

【查一查】查阅厂家给出的技术文档是与岗位接轨的重要职业能力之一。自行查阅 OneNET 开发者文档，除上述功能以外，OneNET 平台还可以做些什么？怎么做？

思考与练习

1. 简述云平台在物联网架构中的位置及作用。
2. 查阅资料，总结不同公司云平台的特色。
3. 调研云平台常见典型应用案例。
4. 比较不同协议的优缺点。
5. 简述 QoS 的概念及不同级别的 QoS 的含义。
6. 简述资源受限的原因及对策。
7. 简述 HTTP 协议工作过程。
8. 常见的服务器响应 404 错误表示什么？
9. 创建一个 HTTP 协议的产品、设备、两个数据流。
10. 针对 HTTP 设备，使用 API 调试，为每个数据流上传两个数据点。
11. 在数据流格式错误时，API 调试返回的内容是什么？
12. 查阅 OneNET 开发者文档，使用 API 调试执行创建设备、查询设备信息等操作。
13. 选择题

（1）JSON 常用符号包括（　　）。

A.{ }　　B.[ ]　　C.( )　　D. “ ”

（2）以下数据类型，可以作为数组元素的有（　　）。

A.数值　　B.字符串　　C.对象　　D.NULL

（3）以下符号用于表示对象的是（　　）。

A.{ }　　B.[ ]　　C.( )　　D. “ ”

（4）在以下数据流中，包括（　　）类型的值。

```
{
    "title": "01",
    "id":"gps",
    "type": ">",
```

```
    "threshold": 100
}
```

A.整型　　　　B.浮点数　　　　C.字符串　　　　D.对象

（5）在以下 JSON 数据流中，最多包含（　　）个同一等级的名称/值对。

```
{
    "title": "device",
    "desc":"test",
    "tags": ["china", "mobile"],
    "auth": "12345",
    "topic": {"name": food},
    "other": {"version": 1.1}
}
```

A.4　　　　B.6　　　　C.8　　　　D.10

14．判断题

（1）JSON 数据格式在编程语言里可以直接使用。

（2）多个元素用逗号（,）进行分隔。

（3）名称/值对用逗号（,）进行分隔。

（4）数组内可以嵌套数组。

项目二　基于 HTTP 协议的树莓派 CPU 温度监控系统

项目概述

随着云平台技术的成熟，远程信息监控的各类应用越来越常见。温度作为常见的监测信息之一，对其进行实时监测，无论是在智能家居还是在工业生产等场景均有需求。对于一些 24 小时不间断工作的电脑、嵌入式产品来说，CPU 温度的监测可以对设备状态进行预测，及时发现故障并对其进行维护。本项目以常见的树莓派为载体，采用 HTTP 协议将树莓派 CPU 温度上传至 OneNET 平台，并通过网页、手机端进行实时、远程监测。

知识目标

（1）了解树莓派架构及常用软件

（2）掌握 Python 的常用语法

（3）理解通过 Python 实现 HTTP 协议的方法及代码含义

（4）掌握基于 HTTP 协议的 OneNET 平台应用开发流程

技能目标

（1）能够使用 Python 进行 HTTP 协议的代码移植

（2）能够安装树莓派系统

（3）能够使用不同方法采集树莓派 CPU 温度

（4）能够基于 HTTP 协议将树莓派 CPU 温度上传至 OneNET 平台

（5）能够进行轻应用开发

任务一　学会使用简单的 Python 语言

API 调试提供了简易的 HTTP 协议调试途径，在此基础上进行代码移植是物联网云平台开发的必要流程。为了更好地理解协议内容，本项目采用可读性较好的 Python 进行代码移植，减少复杂代码对理解协议内容的影响。

知识一　认识 Python

Python 是一种跨平台的计算机程序设计语言，可以在 Windows、Linux、macOS 等多种操作系统上运行。该语言是一种面向对象的动态类型语言，最初被设计用于编写自动化脚本（Shell），随着版本的不断更新和语言新功能的添加，越来越多地被用于独立的、大型项目的开发。随着人工智能的快速发展，Python 越来越受欢迎。从 TIOBE 编程语言排行榜中可以看出，2019 年 Python 已经超过了 C#、C++等传统编程语言，跃居第三位，如图 2-1 所示。

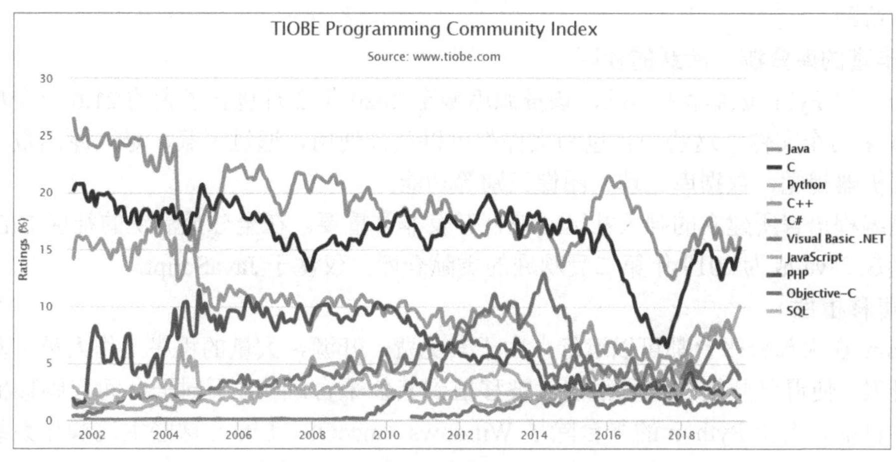

图 2-1　TIOBE 编程语言排行榜

与其他高级语言相比，Python 具有以下特点。

1．代码简单

与 Java、C 等高级语言相比，Python 非常简单，更接近自然语言。Python 语法结构非常简洁，精简了一些不必要的分号、括号，使得代码简短、易读，并使得学习者可以专注于编程逻辑，而非晦涩难懂的语法细节。

以打印输出“Siit”为例：

- Python。

```
print("Siit")
```

- C 语言。

```
#include<stdio.h>
int main(void)
{
    Printf("Siit");
}
```

从上述代码可以明显看出，Python 代码非常简单，代码数量大大压缩，无须使用分号。

2．可读性强

Python 语句与日常英语十分相似，这使得学习它的过程更加容易，即使零基础上手也比学习其他程序快很多。

3．易维护

Python 是动态类语言，语法上要求强制缩进，这使得代码维护较容易。

4．免费、开源

MATLAB 等专业功能强大的软件需要收取昂贵的费用，而 Python 软件基于库资源不仅能实现各类强大的功能，而且完全免费。Python 是一种开源语言，这意味着，它对于程序员来说，无论是初学者还是专业人士，都可以使用大量的开放资源。许多 Python 文档可以在线获得，或者在 Python 社区和论坛中获得。开发人员可以在社区和论坛中讨论错误、解决问题并互相帮助。

5．丰富的库资源、活跃的社区

Python 以 PyPI 资源库为基础，该资源库截至 2020 年 2 月包含了大约 21.6 万个项目包，拥有 250 多万个文件。这些项目包和文件都可以直接使用，通过下载、导入库函数，就可以轻松实现机器视觉、数据库处理、图像识别等功能。

围绕编程语言所建立的强大社区对编程开发非常重要。在全球最活跃的社区 GitHub 上，Python 超越 Java 成为 2019 年第二受欢迎的贡献仓库，仅次于 JavaScript。

6．可移植性

Python 在大部分平台都可以运行，由于其免费、开源，大量的程序工作人员都基于该语言进行开发，使得已开发的代码很快就被移植到其他平台。同时不同平台间代码移植的难度并不大。目前，支持 Python 的平台除了 Windows、macOS、Linux 这些主流操作系统，还包括 FreeBSD、Macintosh、Solaris、OS/2、Amiga、AROS、AS/400、BeOS、OS/390、z/OS、Palm OS、QNX、VMS、Psion、Acom RISC OS、VxWorks、PlayStation、Sharp Zaurus 等 20 多个平台。

7．面向对象

Python 既支持面向过程的编程也支持面向对象的编程。在面向过程的编程中，程序是由过程或仅仅是可重用代码的函数构建起来的。在面向对象的编程中，程序是由数据和功能组合而成的对象构建起来的。

树莓派的主流编程语言是 Python，其自带的多款软件均支持 Python。树莓派自带的 Python 在硬件控制、网络通信等方面均具有非常明显的优势，无论是作为硬件终端还是控制传感器采集信息、控制外设工作等，都很方便。同时，树莓派可以作为网关，通过加载网络通信库，轻松地实现数据传输。

8．解释型语言

Python 是一种解释型语言，在开发过程中，不需要进行编译。

9．可嵌入

Python 可以嵌入 C/C++程序中，先用简单的 Python 快速搭建框架，再用 C 语言进行优化。

实验一 Python 开发环境搭建

【实验目的】

（1）掌握 Python 3.6 和 PyCharm 的安装流程。

（2）掌握开发环境的配置。

【实验设备】

（1）一台 PC，可连接 Internet。

（2）Python 安装软件包。

（3）PyCharm 安装软件包。

【实验要求】

任何语言都离不开开发环境，在 Windows 端，Python 的开发需要集成开发环境和解释器。目前，比较常见的集成开发环境是 PyCharm，常见的解释器是 Python 3.6 以上的版本。本实验在安装软件的基础上，完成软件的配置。

【实验步骤】

一、安装 Python 3.6

（1）双击 Python 安装软件包。

（2）单击 Customize installation，开始安装 Python 软件，如图 2-2 所示。

图 2-2　Python 软件安装（1）

建议勾选 Add Python 3.6 to PATH 复选框，该选项表示自动配置环境变量。在勾选该复选框后，后续可以在 cmd 命令提示符界面中输入 python，使用 Python 软件，如图 2-3 所示。

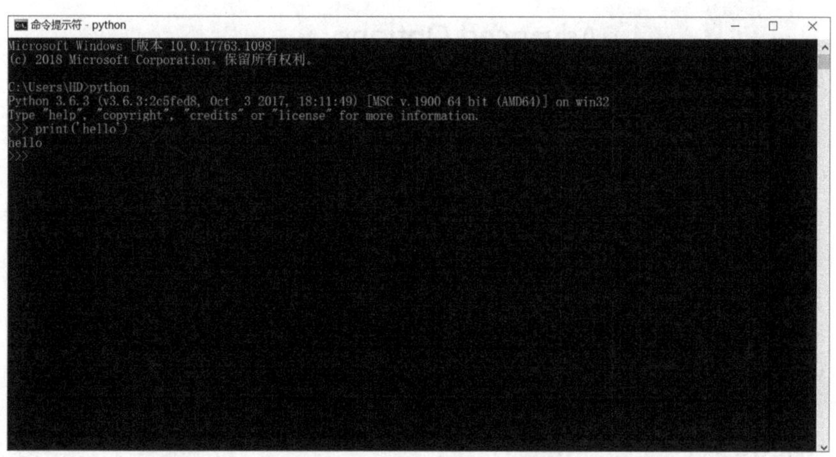

图 2-3　cmd 命令提示符界面

（3）如图 2-4 所示，根据需要勾选相应的复选框。

- Documentation：文档。
- pip：必须勾选，该选项支持后续下载、安装常用的库文件。
- td/tk 和 IDLE：tkinter GUI 编程和 IDLE 开发环境。
- Python test suite：标准库测试包。
- py launcher：允许通过全局命令 py 启动 Python 软件。
- for all users：为所有用户安装该软件。

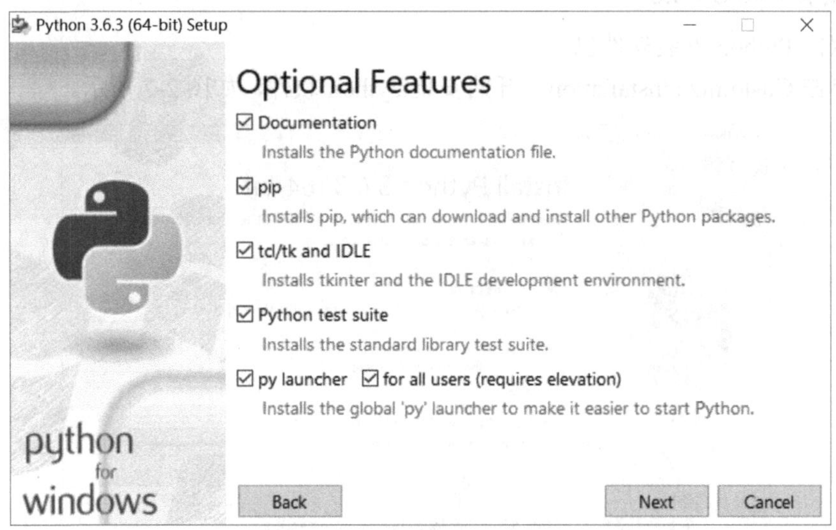

图 2-4　Python 软件安装（2）

（4）如图 2-5 所示，选择安装路径，建议选择容易查找的安装路径，便于后续进行软件配置和库文件安装。

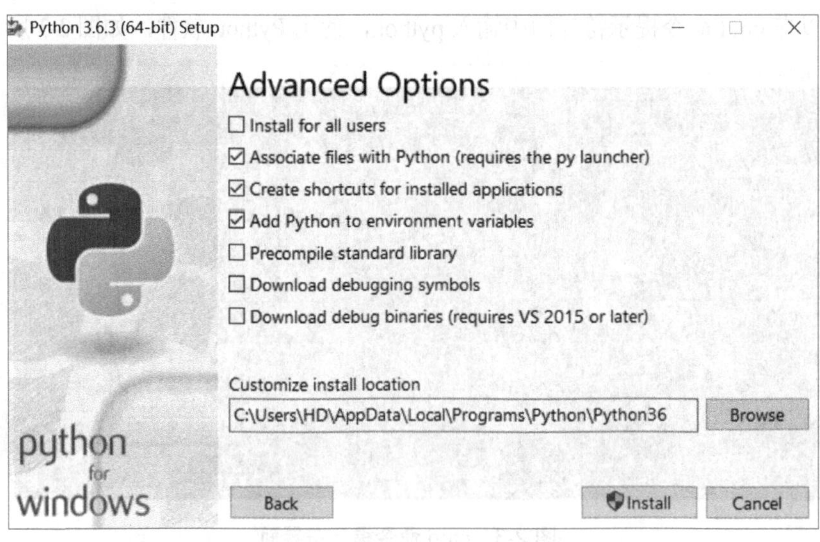

图 2-5　Python 软件安装（3）

（5）如图 2-6 所示，Python 软件安装完成。

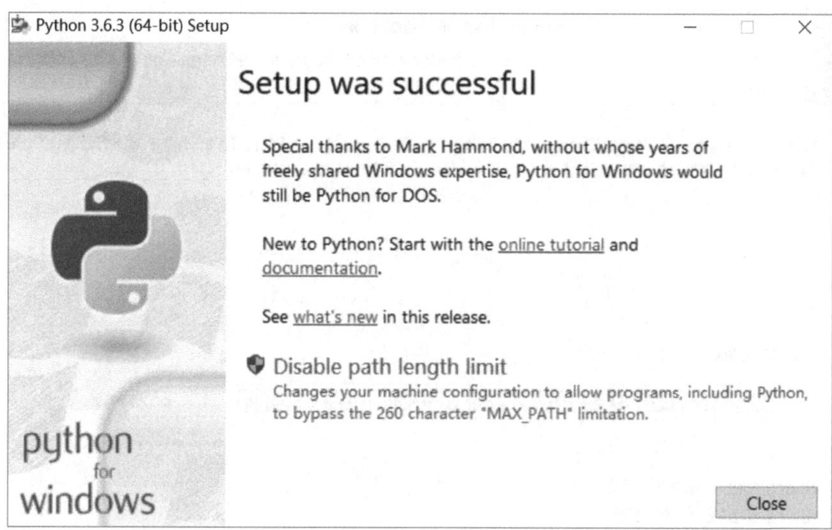

图 2-6　Python 软件安装完成

二、安装开发环境 PyCharm

（1）双击 PyCharm 安装软件包。
（2）如图 2-7 所示，单击 Next 按钮。

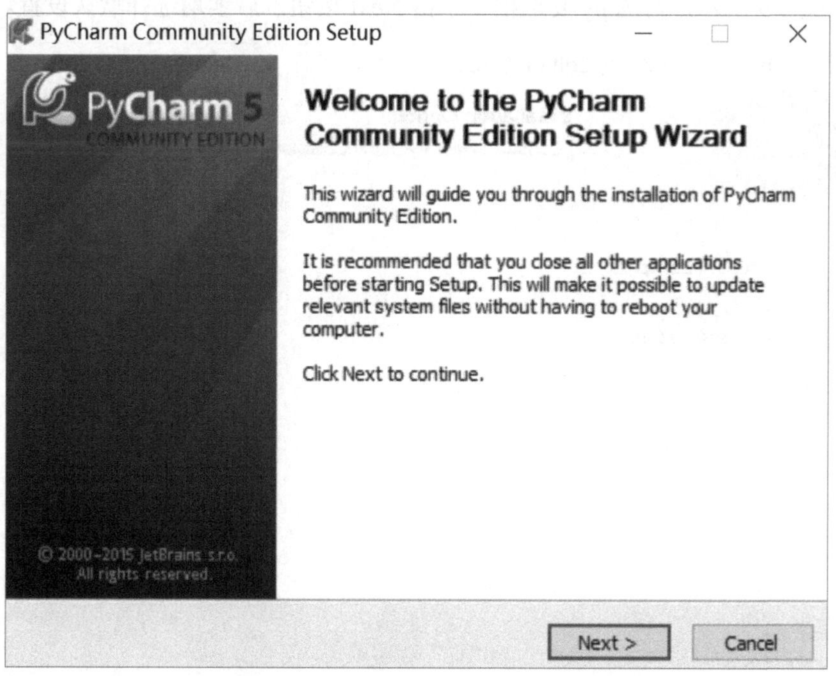

图 2-7　PyCharm 软件安装（1）

（3）如图 2-8 所示，选择安装路径，单击 Next 按钮。

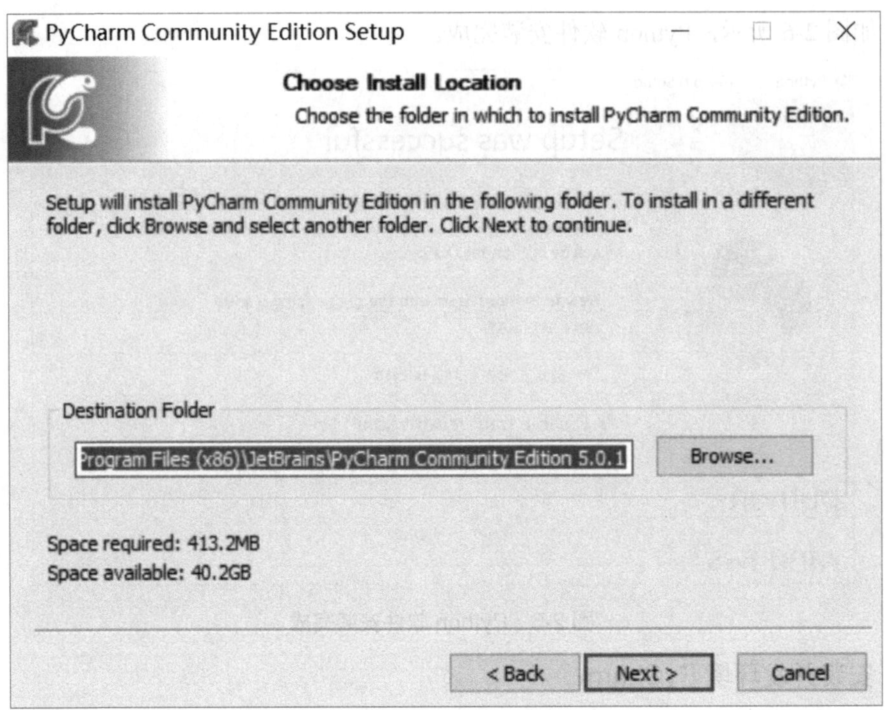

图 2-8　PyCharm 软件安装（2）

（4）如图 2-9 所示，勾选.py 复选框，单击 Next 按钮，后续均选择默认设置。

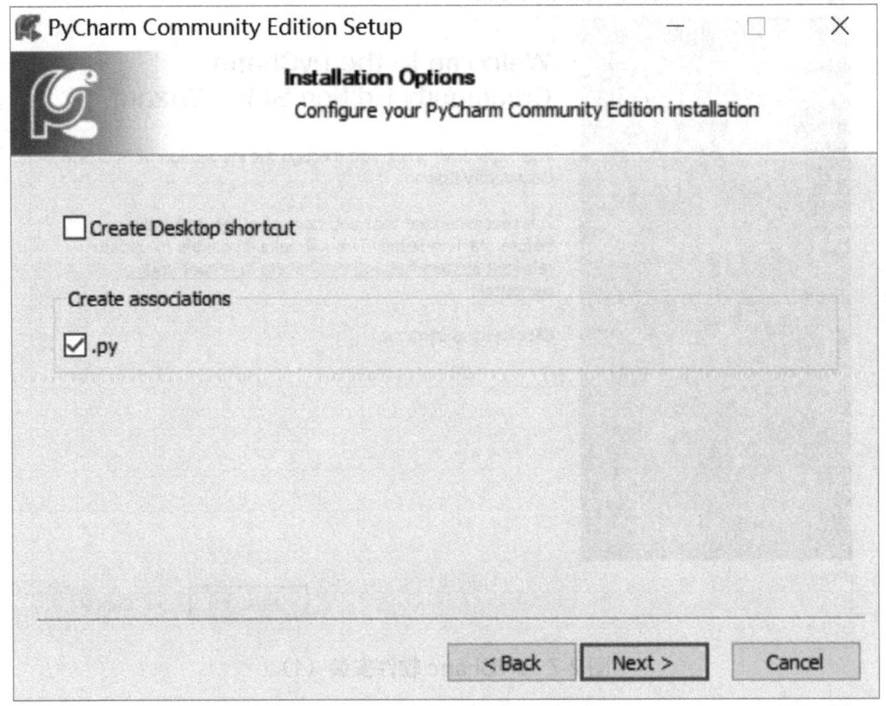

图 2-9　PyCharm 软件安装（3）

（5）如图 2-10 所示，PyCharm 软件安装完成。

图 2-10　PyCharm 软件安装完成

知识二　Python 编程方式

Python 编程方式包括交互式编程和脚本式编程两种。

一、交互式编程

交互式编程不需要创建脚本文件，只需要通过 Python 解释器的交互模式来编写代码。在 Windows 系统中直接打开 python.exe 文件，即可在如图 2-11 所示的环境中输入代码，进行程序编写。也可以在 cmd 命令提示符界面中输入 python，进入交互式编程环境。

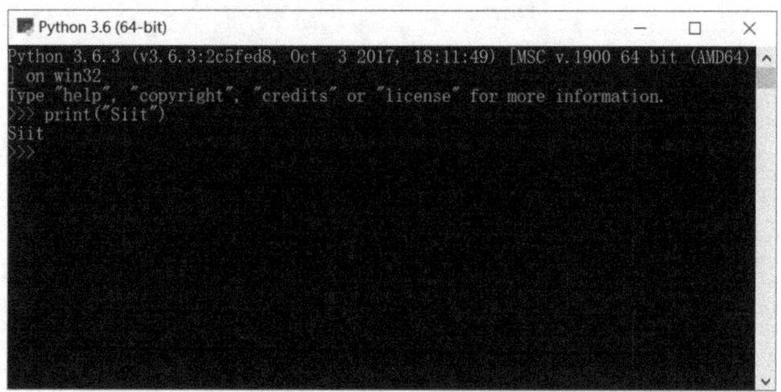

图 2-11　交互式编程环境

在 Linux 系统中，打开命令行，输入 python 命令，即可进行编程。

在解释器中，输入如下信息：

```
print("Siit")
```

按 Enter 键，可以看到打印输出的结果为 Siit。

二、脚本式编程

由于交互式编程不适合较长的、逻辑复杂的代码，因此脚本式编程在使用过程中的应用较多。不同的操作系统均可以安装 Python 的集成开发环境，如实验一中安装的 PyCharm 开发环境，如图 2-12 所示，以及树莓派自带的 Thonny Python IDE 等。在集成开发环境中打开.py 文件，执行源文件中的代码，即可获取运行结果。

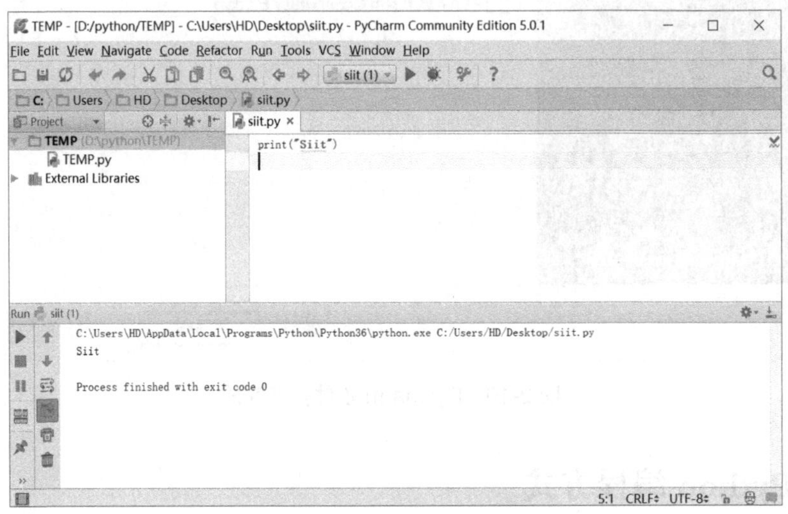

图 2-12 PyCharm 开发环境

以 PyCharm 为例，给出该环境下的编程流程。

（1）如图 2-13 所示，新建项目。

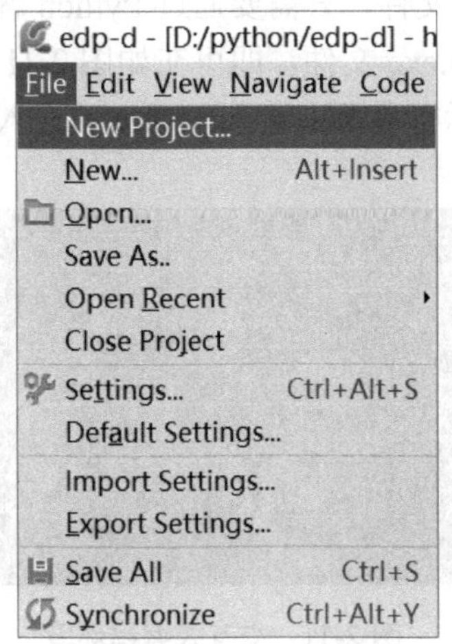

图 2-13 新建项目

（2）如图 2-14 所示，选择安装路径、解释器。

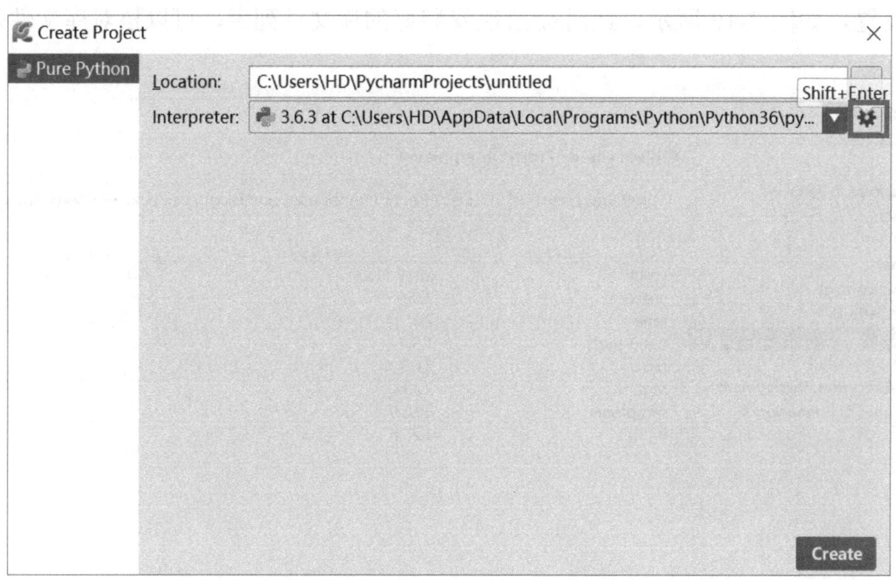

图 2-14　选择安装路径、解释器

Location：新建项目的安装路径。

Interpreter：解释器。单击图 2-14 中框选的按钮，然后选择 Python 安装文件夹下的 python.exe 文件作为解释器，如图 2-15 所示。解释器配置与后续代码是否能正常使用、库文件是否能正常使用都有关。

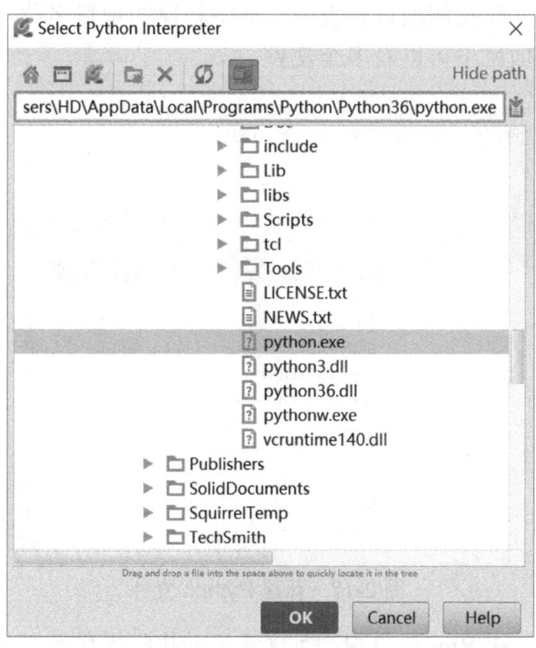

图 2-15　选择解释器

除了在新建项目时可以添加解释器，在 Project→Project Interpreter 中也可以进行解释器的关联设置，如图 2-16 所示，此时会出现安装好的库文件列表，可以核对库文件是否安装完成。

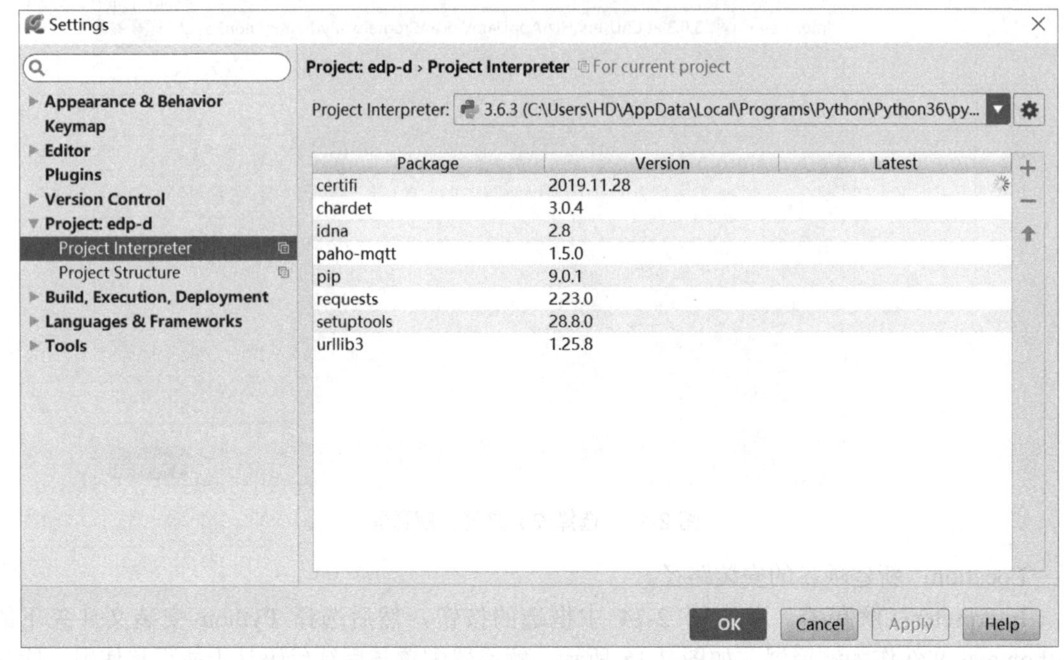

图 2-16 项目解释器的关联设置

（3）如图 2-17 所示，在左侧项目列表中，选中新建的项目名称，并单击鼠标右键，新建一个 Python 文件，一个项目下可以有多个文件。

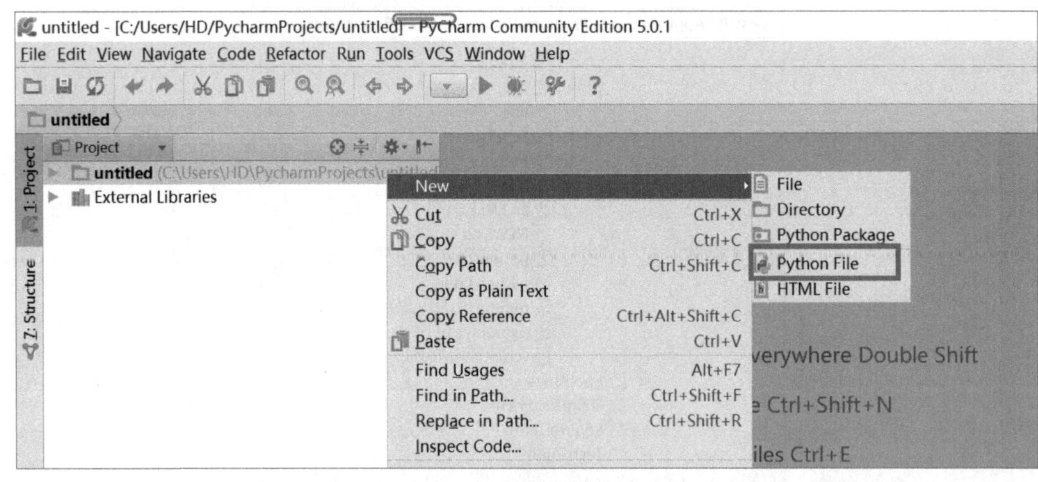

图 2-17 新建 Python 文件

（4）如图 2-18 所示，在 Run 菜单中，包含常见的执行操作及其快捷方式。比较常见的有 Run（执行）、Debug（调试）等。

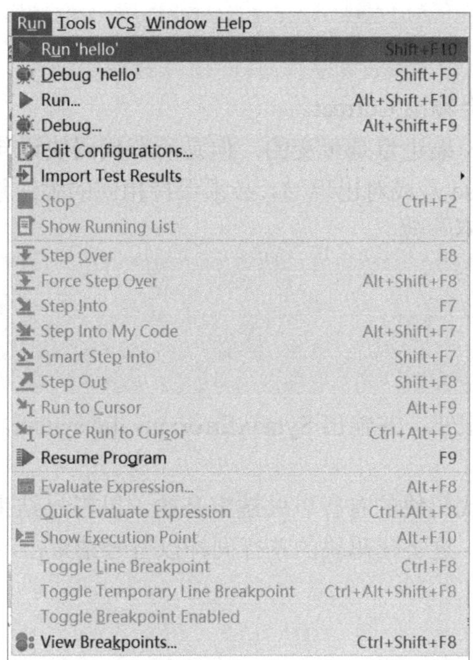

图 2-18　Run 菜单

知识三　Python 基本语法

一、输入和输出

不同的编程语言有各自的输入、输出固定格式，在使用 Python 新建文件的过程中，输入一般使用 input 语句，输出则使用 print 语句：

```
N=input('Enter a number :\n')
print(N)
```

执行上述代码，输出如下结果：

```
Enter a number :
2
2
```

其中，第一个 2 是输入的数字，第二个 2 是输出的数字。代码中的\n 表示回车符，在输入数字 2 后，需要输入回车符才能继续执行程序。

二、代码块

在常见的高级编程语言中，习惯使用{ }来表示一个函数或一段逻辑关系，但是在 Python 中，利用缩进来表示。

示例如下：

```
if True:
  print("Correct")
```

```
else:
 print("Wrong")
```

在上述代码运行后，会输出 Correct。

缩进具有一定的规则。缩进量是可变的，但是所有代码块语句必须包含相同的缩进量。在 if…else 语句中，if 和 else 是成对出现的，必须保持相同的缩进量。将上述代码中 else 的缩进量修改为与 if 的缩进量不一致：

```
if True:
 print("Correct")
 else:
 print("Wrong")
```

再运行以上代码，会报错，并输出 SyntaxError: invalid syntax。同时在代码中，会标注红色波浪线，提示错误。

这类复合语句构成的代码块的首行以关键字开始，以冒号结束。除这类代码块以外，函数体也能构成一个代码块，这类代码块的首行同样以冒号结束，示例如下：

```
def cal(a,b):
   return a+b
a=1
b=2
print(cal(a,b))
```

在上述代码中，def 表示定义函数，首行以冒号结束，函数体会自动缩进。执行以上代码，输出结果为 3。

三、注释

Python 的注释有 3 种形式，在注释单行时，一般采用#；在注释多行时，可以采用前后各 3 个双引号或单引号。

示例如下：

```
print("Hello Siit!")
#print("A")
"""
print("B")
print("C")
"""
'''
print("D")
print("E")
'''
```

运行上述代码，最终仅输出 Hello Siit！其余内容均被注释掉了。

四、分隔

在 Python 语句中，直接换行表示进入下一条代码语句，这与一般 C 语言中使用分号表示分隔不同。如果碰到语句特别长的情况，为了方便阅读，也可以人为进行换行，这时常见的处理方式是通过\来表示。

```
print("Hello Siit!\
          Suzhou")
```

执行以上代码，会输出：Hello Siit!　　　Suzhou。从结果可以看出，虽然在代码中进行了人为换行，但是在执行代码后，输出结果仍在同一行显示。

五、空行

为了方便阅读及维护，在代码中常常会使用空行分隔函数、类等。增加空行并不影响运行结果，空行也不属于 Python 语法。

六、同一行显示多条语句

在 Python 中，可以在同一行中使用多条语句，语句之间使用分号分隔，示例如下：

```
print("Hello");print("Siit")
```

执行以上代码，输出如下信息：

```
Hello
Siit
```

知识四　Python 变量和数据类型

一、Python 变量

变量是存储在内存中的值。在创建变量时，内存会为该变量分配存储空间。在大部分高级语言中创建变量时，必须先定义变量的数据类型，常见的数据类型有 int、double、float 等。基于变量的数据类型，解释器会为其分配指定内存，并决定什么数据可以被存储在内存中。

对于 Python 来说，其变量不需要预先进行类型声明。而在内存中创建的每个变量，都包括变量的标识、名称和数据等信息。每个变量在使用前都必须被赋值，只有在赋值后该变量才会被创建。

在 Python 中，等号（=）用来给变量赋值。等号（=）运算符左边是一个变量名，等号（=）运算符右边是存储在变量中的值。示例如下：

```
A=2
```

表示定义一个变量 A，A 的值为 2。计算机在执行上述代码时，主要按以下步骤进行。

（1）创建变量 A。

（2）创建整型数字 2。

（3）将变量指向整型数字 2。

值得注意的是，变量本身没有类型，它指向的对象才有数据类型，变量中存储的是对象的地址。一个变量可以被多次赋值，它可以指向 int、string 等各种数据类型的对象。

当执行如下命令时：

```
A=2
A=2.4
```

主要按以下步骤进行。

（1）创建变量 A。

（2）创建整型数字 2。

（3）将变量指向整型数字 2。

（4）创建浮点数 2.4。

（5）将变量指向浮点数 2.4。

在为变量 A 重新赋值后，首先创建的对象——整型数字 2 不会发生变化。但是，该对象无法再被使用，它会被执行回收操作，释放其占用的内存空间。

二、数据类型

Python 包含以下几种常见的数据类型：number、string、list、tuple、dictionary。其中，string、list、tuple 是序列类型，dictionary 是映射类型。

1．number（数字）

number 指数字，Python 支持 4 种不同的数字类型。

- int（整型）：整型数字，不包含小数部分。整型数字不仅可以用十进制表示，也可以用十六进制表示，在十六进制数前需要增加 0x。
- float（浮点数）：浮点数可以包含小数部分。
- bool（布尔值）：布尔值只有两个数，即 True 和 False。
- complex（复数）：复数由实数部分和虚数部分组成。

2．string（字符串）

string 指字符串，通常是由数字、字母、下画线组成的一串字符。字符串用双引号或单引号表示。字符串从 0 开始索引，也可以采用[头下标 尾上标]的方式截取其中部分字符。

执行如下代码：

```
str = 'Hello Siit!'
print(str)             # 输出完整字符串
print(str[0])          # 输出字符串中的第一个字符
print(str[2:5])        # 输出字符串中的第三个至第五个字符
print(str[2:])         # 输出从第三个字符开始至字符串末尾的字符
print(str * 2)         # 输出字符串两次
print(str + "SZ")      # 输出连接后的字符串
```

输出结果如下：

```
Hello Siit!
H
llo
llo Siit!
Hello Siit!Hello Siit!
Hello Siit!SZ
```

3．list（列表）

list 指列表，是 Python 中使用最频繁的数据类型。列表可以完成大多数集合类的数据结构实现。它支持字符、数字、字符串等多种类型，也可以嵌套列表，与 JSON 格式中的数组相互对应。

列表通常采用方括号进行标识，采用逗号分隔列表内的元素。列表也可以被索引和截取，方式与字符串类似。列表中的元素可以被修改。

执行如下代码：

```
list = ['Hello',2020,2,'Siit', 6]
tinylist = [1, 'OneNET']

print(list)                 # 输出完整列表
print(list[0])              # 输出列表的第一个元素
print(list[1:3])            # 输出列表的第二个至第三个元素
print(list[2:])             # 输出从第三个元素开始至列表末尾的元素
print(tinylist * 2)         # 输出列表两次
print(list + tinylist)      # 输出组合后的列表

list[1]=2019                # 修改列表中的元素
print(list)                 # 输出新的列表
```

输出结果如下：

```
['Hello', 2020, 2, 'Siit', 6]
Hello
[2020, 2]
[2, 'Siit', 6]
[1, 'OneNET', 1, 'OneNET']
['Hello', 2020, 2, 'Siit', 6, 1, 'OneNET']
['Hello', 2019, 2, 'Siit', 6]
```

4．tuple（元组）

tuple 指元组，与列表类似，都表示元素的集合，可以被索引和截取，但是存在以下几方面差异。

- 元组采用小括号进行标识，而列表通常采用方括号进行标识。
- 元组内的元素不允许被修改，相当于只读文件；而列表内的元素可以被修改。

执行如下代码：

```
tp1 = ('Hello',2020,2,'Siit',6)
tp2 = (1,'OneNET')

print(tp1)                  # 输出完整元组
print(tp1[0])               # 输出元组的第一个元素
print(tp1[1:3])             # 输出元组的第二个至第三个元素
print(tp1[2:])              # 输出从第三个元素开始至元组末尾的元素
print(tp2 * 2)              # 输出元组两次
print(tp1 + tp2)            # 输出组合后的元组

tp1[1]=2019                 # 修改元组中的元素
```

输出结果如下：

```
('Hello', 2020, 2, 'Siit', 6)
```

```
Hello
(2020, 2)
(2, 'Siit', 6)
(1, 'OneNET', 1, 'OneNET')
  File "D:/python/TEMP/blk.py", line 11, in <module>
('Hello', 2020, 2, 'Siit', 6, 1, 'OneNET')
    tp1[1]=2019                # 修改元组中的元素
TypeError: 'tuple' object does not support item assignment
```

从上述结果可以看出，对元组内的元素进行修改将会报错。

5. dictionary（字典）

dictionary 指字典，通常用大括号进行标识。在 Python 中，字典是除列表以外最灵活的内置数据结构类型。列表是有序的对象集合，字典是无序的对象集合。列表通过索引存取元素，字典则通过键存取元素。键和键的值是一一对应的。同样地，字典元素也是可以被修改的。

执行如下代码：

```
dict = {}                           #使用{}定义空字典
dict['one'] = "This is one"
dict[2] = "This is two"
dict1 = {'name': 'CY','code':1234, 'dept': 'ee'}

print(dict['one'])                  # 输出键为'one' 的值
print(dict[2])                      # 输出键为 2 的值
print(dict1)                        # 输出完整的字典
print(dict1.keys())                 # 输出所有键
print(dict1.values())               # 输出所有值

dict1['dept']='eg'                  # 修改键为 dept 对应的值
print(dict1['dept'])                # 输出键为 dept 对应的值
```

输出结果如下：

```
This is one
This is two
{'name': 'CY', 'code': 1234, 'dept': 'ee'}
dict_keys(['name', 'code', 'dept'])
dict_values(['CY', 1234, 'ee'])
eg
```

值得注意的是，字典与 JSON 数据格式中的对象相互对应。在 Python 中进行 JSON 数据流的编码时，一般会先定义字典格式，再将其转换成 JSON 数据流。

知识五　Python 常见语句

Python 与其他高级语言一样，包含了一些可以表示逻辑关系的语句，常见的有条件语句、循环语句、中断语句等。

一、条件语句

如图 2-19 所示，条件语句会通过对条件的判断，决定执行哪条语句。如果结果为真（True），则执行语句 1；如果结果为假（False），则执行语句 2。

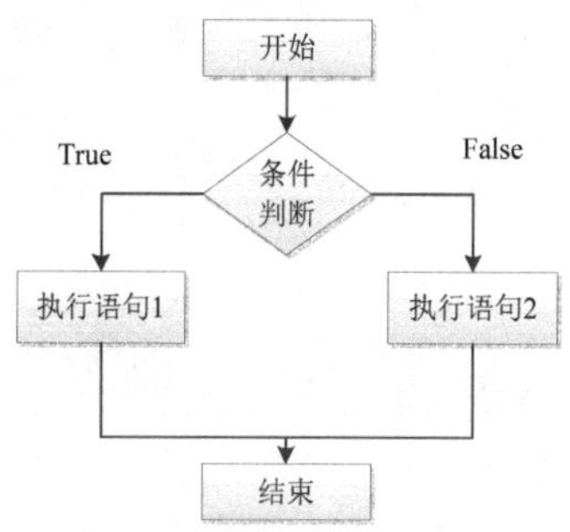

图 2-19　条件语句流程图

条件语句常见格式如下：

```
a=1
if a==1:
  print("A")
else:
  print("B")
```

执行上述代码，会输出 A。

当存在多个判断条件时，可以增加 elif 来进行条件判断，常见格式如下：

```
a=2
if a==1:
  print("A")
elif a==2:
  print("B")
else:
  print("C")
```

执行上述代码，会输出 B。

条件语句需要严格执行缩进规则。

二、循环语句

循环语句用于重复执行某语句或代码块。常见的循环语句有 for 语句和 while 语句。循环语句同样需要严格执行缩进规则。

1．for 语句

for 语句采用以下格式： for 元素 in 序列。该序列可以是列表也可以是字符串。for 循环可以遍历序列中的项目。

下面给出 3 个 for 语句示例。

（1）示例 1。

```
for i in range(10,0,-2):
  print('i =', i)
```

range()函数中包含 3 个变量，表示从 10 开始，到 0 结束，步长为 2，-表示递减。执行上述代码，输出如下结果：

```
i= 10
i= 8
i= 6
i= 4
i= 2
```

（2）示例 2。

```
for letter in 'Siit':
  print('当前字母 :', letter)
```

执行上述代码，输出如下结果：

```
当前字母 : S
当前字母 : i
当前字母 : i
当前字母 : t
```

（3）示例 3。

```
c = ['OneNET', 'Siit', 'SZ']
for c in c:
  print('当前单词 :', c)
```

执行上述代码，输出如下结果：

```
当前单词 : OneNET
当前单词 : Siit
当前单词 : SZ
```

2．while 语句

while 语句用于循环执行程序。与 for 语句不同，while 语句在某些条件下，可以循环执行某段程序，以处理需要重复处理的相同任务。常见格式如下：

```
while 判断条件(condition):
    执行语句(statements)
```

执行语句可以是单个语句或代码块。判断条件可以是任何表达式，任何非零或非空（null）的值均为 True。当判断条件为 False 时，表示循环结束。

while 语句示例如下：

```
count = 0
while (count < 8):
  print('The count is:', count)
  count = count + 2
```

上述代码表示，当 count 小于 8 时，执行函数体内的语句。执行上述代码，输出如下结果：

```
The count is: 0
The count is: 2
The count is: 4
The count is: 6
```

三、中断语句

中断语句用于打断循环，最常用的是 break 语句。在多层嵌套的循环语句中，break 语句可以中止最深层的循环。示例代码如下：

```
for letter in 'OneNET':     # 第一个实例
   if letter == 'N':
      break
   print('当前字母 :', letter)
```

上述代码表示，遍历字符串 OneNET 并打印，当字符为 N 时，执行中断语句，此时遍历过程尚未完结，但不再执行。执行上述代码，输出如下结果：

```
当前字母 : O
当前字母 : n
当前字母 : e
```

知识六　函数

函数是组织好的，可重复使用的，用来实现单一或相关功能的代码段。函数能提高应用的模块性和代码的重复利用率。Python 提供了诸如 print()的许多内建函数。除此以外，用户可以自定义函数。

自定义函数示例如下：

```
def sum(a,b):
   # 返回 2 个参数的和."
   total = a + b
   print("和 : ", total)
   return total

sum(1,2)
```

运行上述代码，输出结果为“和：3”。

从上述代码可以看出，自定义函数的规则如下：

（1）函数代码块以关键字 def 开头，后接函数标识符名称和圆括号()。

（2）圆括号可以用于定义参数，输入的参数和自变量必须放在圆括号中。

（3）函数内容以冒号开头，并且缩进。

（4）return 表示函数的返回值，如果不定义，则没有返回值。

【悟一悟】大部分软件工程师不愿意看别人的代码，有时候也不愿意看很久未打开的代码。为难的并不是代码本身，而是代码背后的逻辑和算法。撰写规范的代码，不仅有利于理解代码，也有利于检查代码的功能、排查代码的错误。自行揣摩一下，规范代码有哪些要求？

知识七　安装库文件

对于 Python 而言，丰富的库函数是其优势之一。下面以使用 HTTP 协议必需的 requests

库文件为例，示范如何安装库文件，如图 2-20 所示。

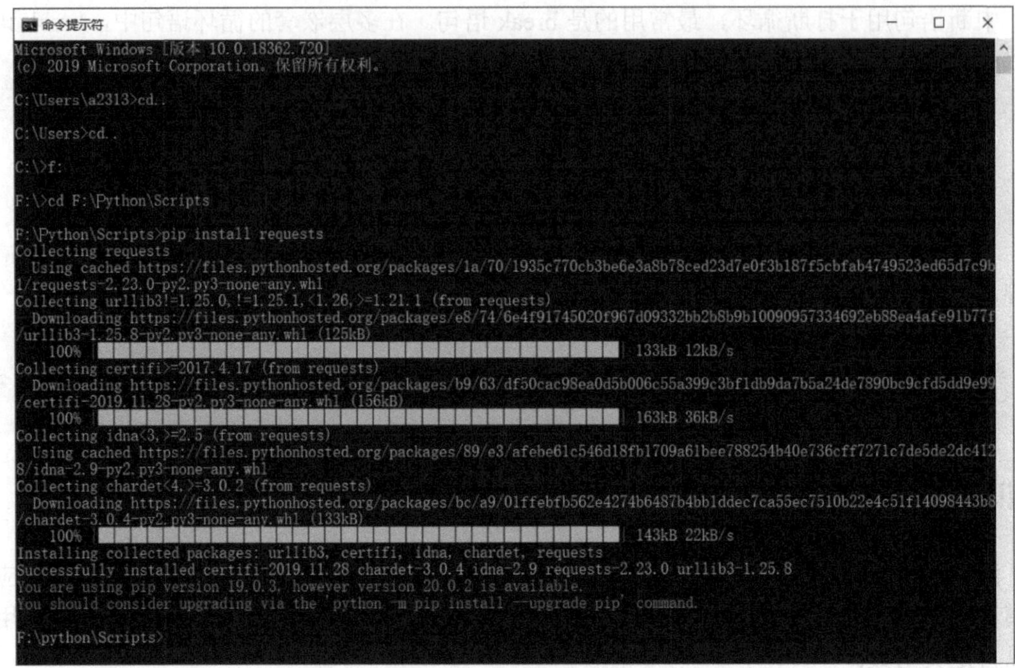

图 2-20　库文件的安装

（1）在 Windows 系统下，打开 cmd 命令提示符界面。

（2）进入 Python 软件的安装盘，以 F 盘为例，输入 F:，然后按 Enter 键。如果安装在 C 盘，则不用进行该步骤。

（3）打开 Python 安装文件夹，进入 Scripts 文件夹。复制文件安装路径 F:\Python\ Scripts，该安装路径应当根据实际安装路径进行设置，建议在安装时设置为容易查找的文件夹。同时，可以通过核对该文件夹内是否包含 pip、pip3 等相关文件来确定是否打开了正确的文件夹。

（4）在 cmd 命令提示符界面中输入命令“cd 安装文件夹”，然后按 Enter 键。例如：

```
cd F:\Python\Scripts
```

（5）使用 pip install requests 命令进行库文件安装，并等待安装完毕。在安装完毕后，会提示 Successfully installed。

在安装库文件时，需要注意以下几点。

（1）当安装的 Python 版本号高于 3 时，可采用 pip3 install requests 命令。

（2）如果采用 PyCharm 作为开发环境，则在开发环境的配置中，需要正确配置解释器 Interpreter，尤其是在装有多个 Python 软件时，安装库文件的 Python 文件夹和在 PyCharm 中选择 python.exe 文件的文件夹必须保持一致。

（3）建议不要同时安装多个 Python 版本。

在上述操作不当时，均可能导致库文件安装失败。

任务二 通过 Python 实现 HTTP 协议

在掌握了 HTTP 协议的 API 调试、Python 语言基础后，采用 Python 撰写代码、实现 HTTP 协议，是走向物联网云平台开发的第一步。

实验一 数据点上传

【实验目的】

（1）掌握 OneNET 产品、设备、数据流的创建流程。

（2）掌握基于 Python 的数据点上传方法。

【实验设备】

（1）一台 PC，可连接 Internet。

（2）Python 软件、PyCharm 编程环境。

【实验要求】

在 OneNET 平台注册 HTTP 产品，并在该产品下注册设备，创建数据流，然后生成 HTTP 请求报文，并使用 Python 对 JSON 数据流进行编码，通过 HTTP 协议将数据点上传至已注册的 HTTP 设备对应的数据流下。

【实验步骤】

一、创建产品、设备和数据流

登录 OneNET 平台，创建 HTTP 产品，并在该产品下创建设备、数据流。

二、记录信息

记录产品 ID、设备 ID、APIkey 等信息。

三、调用库函数

本实验采用 Python 进行开发。按照 HTTP 协议的要求，在生成满足条件的请求报文后进行数据上传。OneNET 平台对于基于 HTTP 协议的数据上传，采用的请求方式为 POST。

在数据采集及上传过程中，Python 需要调用一些现有的库函数，以实现所需要的功能。

1．requests

该库函数可用于向指定目标网站的后台服务器发起请求，并接收服务器返回的响应内容，是常见的 HTTP 请求模块。调用 requests.post()函数，可以采用 POST 方式，将符合 OneNET 平台要求的信息发送给服务器。函数调用方式如下：

```
r = requests.post(url,headers=headers,data = s)
```

参数为请求报文，具体包含以下几部分。

- url 参数：http://api.heclouds.com/devices/device_id/datapoints。需要将该参数中的 device_id

替换为对应的设备 ID。

- header 定制请求报文头部：必须包含 APIkey。如果服务器和客户端建立的是长连接，就需要对 HTTP 响应报文头部的 connection 进行一定的设置。当请求报文头部包含了值为 close 的 connection 时，则表明当前使用的 TCP 连接在请求处理完毕后会被断掉，后续客户端在发送新的请求时，必须创建新的 TCP 连接。
- 报文主体为 JSON 格式的编码数据。

返回值 r 表示接收的响应报文。

除了 POST，该库函数还能实现 PUT、DELETE、GET 等功能，这些功能会在后续实验中进行详细介绍。

该函数的调用通过 import requests 命令来实现。

2．JSON

根据 HTTP 协议，在上传数据过程中，发送的参数和返回的结果都采用 JSON 数据格式，而该格式独立于编程语言，因此，在编程语言内需要进行编解码。在 Python 中，可以使用 JSON 库函数进行 JSON 数据格式的编解码。本实验主要采用了 json.dumps()函数，将特定格式的数据转换为字符串。

该函数的调用通过 import json 命令来实现。

四、上传数据

打开集成开发环境 PyCharm，新建项目，并在该项目下新建 Python 文件，输入如下代码：

```
#导入库函数
import requests
import json
#此处输入 APIKEY
APIKEY = 'xxxxxxxxxxx'
#生成 url，将 device_id 替换为自己的设备 ID
url = 'http://api.heclouds.com/devices/ device_id/datapoints '
#生成指定格式的 header
headers = {
    "api-key":APIKEY
}
#生成 JSON 数据流，对应数据流名称为 temp，值为 25
dict = {
    "datastreams": [{
            "id": "temp",
            "datapoints": [{
                    "value": 25
                }
            ]
        }
    ]
}
```

```
s = json.dumps(dict)
#采用 HTTP 协议上传数据
r = requests.post(url,headers=headers,data = s)
#打印从 OneNET 平台收到的反馈信息
print (r.headers)
print ('1',20 * '*')
print (r.text)
print ('2',20 * '*')
```

五、运行结果及解析

在执行上述代码后，当结果正确时，会得到如下反馈：

```
{'Date': 'Fri, 06 Mar 2020 07:43:03 GMT', 'Content-Type': 'application/json', 'Content-Length': '26', 'Connection': 'close', 'Server': 'Apache-Coyote/1.1', 'Pragma': 'no-cache'}
1 ********************
{"errno":0,"error":"succ"}
2 ********************
```

具体内容如下所述。

第一部分：响应报文头部，具体包含日期和时间、报文主体的数据类型和长度、连接类型、服务器和 Pragma。

第三部分：响应报文主体，这部分内容的含义可以查阅开发者文档。此处表示上传数据成功。

第二、四部分：程序打印信息，用于分隔，并非响应报文的内容。

登录 OneNET 平台，在该设备下，进入 temp 数据流，就可以看到上传的数据点，如图 2-21 所示。

图 2-21　查看数据流的数据点

六、常见错误及解析

当协议请求报文未配置完全，或者 URL 与具体操作不匹配时，可能会出现一些错误。常见的错误主要包括以下几个。

1．auth failed

该错误表示 OneNET 平台认证出现错误，在上述代码中，涉及的认证方式为设备 ID、APIkey。仔细核对设备 ID 和 APIkey，确保两者是匹配的。

2．parameter required

该错误表示缺少参数。缺少参数的原因一方面是在构建 JSON 数据流时，缺少参数；另一方面是 URL 与 JSON 数据流不匹配。例如，URL 对应的操作是数据流的操作，但是 JSON 数据流对应的操作是上传数据点，这时由于参数不匹配，就会报错。

3. Invalid JSON

该错误一般表示 JSON 数据出现错误。有时也会因为请求主体与请求 URL 不匹配而出现该错误。

一般在解决问题时，建议查阅开发者文档，确认具体操作与想要实现的功能是否匹配。

实验二　数据流查询、更新、删除

【实验目的】

（1）掌握 HTTP 协议的 GET、PUT、DELETE 请求方式。

（2）掌握基于 Python 的数据流查询、更新、删除。

【实验设备】

（1）一台 PC，可连接 Internet。

（2）Python 软件、PyCharm 编程环境。

【实验要求】

针对现有 OneNET 平台下的数据流进行操作。使用 Python 生成 HTTP 请求报文，实现数据流查询、更新、删除功能。

【实验步骤】

一、记录信息

登录 OneNET 平台，进入开发者界面，记录现有 HTTP 协议产品下的设备 ID、APIkey、数据流名称等信息。

二、查询数据流信息

（1）打开集成开发环境 PyCharm，新建项目，并在该项目下新建 Python 文件，输入如下代码：

```
#导入库函数
import requests
#此处输入 APIKEY
APIKEY = 'xxxxxxxxxxx'
#将 device_id 替换为自己的设备 ID，将 datastream_id 替换为自己的数据流名称
url = 'http://api.heclouds.com/devices/device_id/datastreams/datastream_id'
#构建报文头部
headers = {
    "api-key":APIKEY
    }
#请求服务器发送信息，不需要报文主体
r = requests.get(url,headers=headers)
#返回响应报文头部
print (r.headers)
```

```
print ('1',20 * '*')
#返回响应报文主体
print (r.text)
print ('2',20 * '*')
```

（2）在执行上述代码后，当结果正确时，会得到如下反馈：

```
{'Date': 'Tue, 10 Mar 2020 05:13:52 GMT', 'Content-Type': 'application/json', 'Content-Length': '138', 'Connection': 'keep-alive', 'Server': 'Apache-Coyote/1.1', 'Pragma': 'no-cache'}
1 ********************
{"errno":0,"data":{"update_at":"2020-03-10 12:57:42","unit":"摄氏度","id":"temp","unit_symbol":"oC","current_value":50},"error":"succ"}
2 ********************
```

具体内容如下所述。

第一部分：响应报文头部，具体包含日期和时间、报文主体的数据类型和长度、连接类型、服务器和 Pragma。

第三部分：响应报文主体。这部分内容包含 3 组对象：第一组名称为 errno，表示错误代码，值为 0，表示请求成功；第二组为数据流信息，具体包含更新时间、单位、数据流名称、单位符号、最新值；第三组为错误类型，此处表示成功。

第二、四部分：程序打印信息，用于分隔，并非响应报文的内容。

三、更新数据流信息

（1）以上述数据流为例，将数据流中的单位符号改成 K，并将单位改成 K。打开集成开发环境 PyCharm，新建项目，并在该项目下新建 Python 文件，输入如下代码：

```
#导入库函数
import requests
import json
#此处输入 APIKEY
APIKEY = 'xxxxxxxxxxx'
#将 device_id 替换为自己的设备 ID，将 datastream_id 替换为自己的数据流名称
url = 'http://api.heclouds.com/devices/device_id/datastreams/datastream_id'
#请求报文头部
headers = {
    "api-key":APIKEY
    }
#请求报文主体，更新参数内容
dict = {
    "unit": "K",
    "unit_symbol": "K"
}
#JSON 格式编码
s = json.dumps(dict)
#PUT 请求方式，请求服务器更新数据流信息
r = requests.put(url,headers=headers,data = s)
```

```
#OneNET 平台返回信息
print (r.headers)
print ('1',20 * '*')
print (r.text)
print ('2',20 * '*')
```

（2）在执行上述代码后，当结果正确时，会得到如下反馈：

```
{'Date': 'Tue, 10 Mar 2020 05:51:41 GMT', 'Content-Type': 'application/json', 'Content-Length': '26', 'Connection': 'keep-alive', 'Server': 'Apache-Coyote/1.1', 'Pragma': 'no-cache'}
1 ********************
{"errno":0,"error":"succ"}
2 ********************
```

具体内容如下所述。

第一部分：响应报文头部，具体包含日期和时间、报文主体的数据类型和长度、连接类型、服务器和 Pragma。

第三部分：响应报文主体，这部分内容的含义可以查阅开发者文档。此处表示上传数据成功。

第二、四部分：程序打印信息，用于分隔，并非响应报文的内容。

（3）再次执行数据流信息查询代码，得到如下信息：

```
{'Date': 'Tue, 10 Mar 2020 05:13:52 GMT', 'Content-Type': 'application/json', 'Content-Length': '138', 'Connection': 'keep-alive', 'Server': 'Apache-Coyote/1.1', 'Pragma': 'no-cache'}
1 ********************
{"errno":0,"data":{"update_at":"2020-03-10 13:27:22","unit":"K","id":"temp", "unit_symbol":"K","current_value":50},"error":"succ"}
2 ********************
```

从上面返回的结果可以看出，单位和单位符号均已修改成功。

四、删除数据流

（1）以上述数据流为例。打开集成开发环境 PyCharm，新建项目，并在该项目下新建 Python 文件，输入如下代码：

```
#导入库函数
import requests
#此处输入 APIKEY
APIKEY = 'xxxxxxxxxxx'
#将 device_id 替换为自己的设备 ID，将 datastream_id 替换为自己的数据流名称
url = 'http://api.heclouds.com/devices/device_id/datastreams/datastream_id'
#构建报文头部
headers = {
    "api-key":APIKEY
    }
#请求服务器发送信息
```

```
    r = requests.delete(url,headers=headers)
    #返回响应报文头部
    print (r.headers)
    print ('1',20 * '*')
    #返回响应报文主体
    print (r.text)
    print ('2',20 * '*')
```

（2）在执行上述代码后，当结果正确时，会得到如下反馈：

```
    {'Date': 'Tue, 10 Mar 2020 05:36:31 GMT', 'Content-Type': 'application/json',
'Content-Length':  '26',  'Connection':  'keep-alive',  'Server':  'Apache-
Coyote/1.1', 'Pragma': 'no-cache'}
    1 ********************
    {"errno":0,"error":"succ"}
    2 ********************
```

具体内容如下所述。

第一部分：响应报文头部，具体包含日期和时间、报文主体的数据类型和长度、连接类型、服务器和 Pragma。

第三部分：响应报文主体，这部分内容的含义可以查阅开发者文档。此处表示上传数据成功。

第二、四部分：程序打印信息，用于分隔，并非响应报文的内容。

（3）登录 OneNET 平台，在该设备下，进入数据流，就可以看到该操作对应的数据流已经被删除。

任务三　学会使用树莓派

真正的物联网系统离不开物联网底层硬件，任务二所上传的数据点是采用模拟方式产生的，主要目的是调试协议。将采用模拟方式调试完成的协议移植到底层硬件中，并将模拟的数据替换为实际采集到的数据，就能实现实际的物联网功能。为了更容易地理解物联网云平台应用开发涉及的协议，以及数据上传、命令接收等流程，本书采用了带操作系统的、可直接运行 Python 的底层硬件系统树莓派进行后续实验。由于其强大的硬件性能，该系统可以直接作为网关搜集节点进行数据上传，也可以直接连接传感器等进行物联网开发。考虑到内容的侧重点，本书选择将树莓派直接连接传感器及其他外设，未涉及传感网的内容。

知识一　认识树莓派

树莓派（Raspberry Pi，简称 RPi）是一款基于 Linux 系统的微型电脑。树莓派基金会为了促进学校及发展中国家的基础计算机教学，针对性地开发了这一款低成本、小型化的便携产品。该产品包含了音频、视频、网络、USB 等电脑基础模块，通过连接显示器、鼠标、键盘等，可以实现文档处理、编程、播放视频等功能。该产品在推出市场后，受到了很多计算机爱好者和创客的喜爱。由于其出色的性能及 Windows 10 IoT 等系统的发布，该产品在物联网领域得到了广泛应用。

【查一查】树莓派基金会在教育扶贫的过程中，对促进科技的发展也产生了积极的作用。查一查，还有类似的案例吗？

一、树莓派的性能

从第一代树莓派发布以来，经过多年的改进，最新一代的树莓派无论是在处理器、内存还是在其他外设配置等方面，均有了较大的性能提升。如表 2-1 所示，该表给出了 2019 年推出的树莓派 4B 和 2018 年推出的树莓派 3B+的配置对比。

表 2-1　树莓派的配置对比

配　置　项	树莓派 4B	树莓派 3B+
CPU	Broadcom BCM2711，4 核 Arm Cortex-A72 处理器	Broadcom BCM2837，4 核 Arm Cortex-A53 处理器
RAM	1GB～4GB DDR4 可选	1GB DDR2
GPU	500 MHz	400 MHz
视频输出	两个标准 HDMI 接口	一个标准 HDMI 接口
最大支持像素	H.265 (4kp60 decode) 或 H.264 (1080p60 decode, 1080p30 encode)	2560 像素×1600 像素
USB 接口	两个 USB 3.0 接口 两个 USB 2.0 接口	四个 USB 2.0 接口
有线网络	千兆以太网	330Mbps 以太网
无线	蓝牙 5.0 802.11ac（2.4/5GHz）	蓝牙 4.1 802.11ac（2.4/5GHz）
供电接口	USB Type-C 接口	Micro USB 接口

树莓派 4B 具有与旧产品类似的设计和尺寸，其 CPU 采用全新的 Broadcom BCM2711，这一芯片采用了 28nm 的生产工艺，而旧产品 CPU 的芯片均使用 40nm SoC。与树莓派 3B+相比，虽然时钟频率表面优势并不大，但是，Cortex-A72 处理器具有 15 指令流水线深度，而旧型号只有 8 个，并且 Cortex-A72 处理器可以实现无序执行。因此，即使在相同的时钟频率下，Cortex-A72 处理器也比 Cortex-A53 快得多。但是新的 SoC 需要更大的功率，因此，树莓派 4B 通过 USB Type-C 进行供电，而非传统的 Micro USB。USB Type-C 在连接时，无须区分正反，更容易插入。

树莓派 4B 支持 1GB、2GB、4GB 三种 RAM，增加了 USB 3.0 接口，双 Micro HDMI 接口支持 4K 输出。另外，支持 USB 3.0 接口的更高总线速度还允许板载以太网接口支持真正的千兆位连接（125MBps），Micro SD 卡插槽的速度也大大提高，理论上最大约为 50MBps，而树莓派 3B+在理论上最大约为 25MBps。

总之，树莓派 4B 在性能上，遥遥领先于旧版本的树莓派。

二、树莓派硬件

树莓派 4B 的硬件外观如图 2-22 所示。

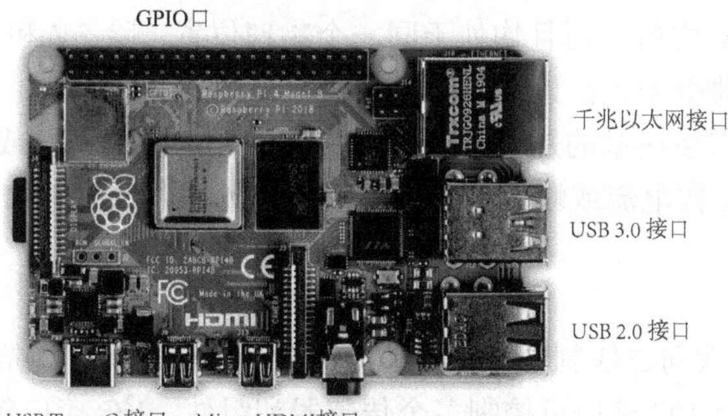

图 2-22　树莓派 4B 的硬件外观

其右侧从上到下分别为千兆以太网接口、两个 USB 3.0 接口、两个 USB 2.0 接口。下方从左到右的 3 个接口分别为 USB Type-C 接口，用于供电；两个 Micro HDMI 接口，可支持两路 4K 信号，实现双屏 4K 信号输出。

树莓派 4B 上方有 40 个 GPIO 口，这一配置让树莓派可以很方便地连接外设进行功能开发。GPIO 口的设置如图 2-23 所示。

Pin#	NAME	NAME	Pin#
01	3.3v DC Power	DC Power 5v	02
03	GPIO02 (SDA1 , I²C)	DC Power 5v	04
05	GPIO03 (SCL1 , I²C)	Ground	06
07	GPIO04 (GPIO_GCLK)	(TXD0) GPIO14	08
09	Ground	(RXD0) GPIO15	10
11	GPIO17 (GPIO_GEN0)	(GPIO_GEN1) GPIO18	12
13	GPIO27 (GPIO_GEN2)	Ground	14
15	GPIO22 (GPIO_GEN3)	(GPIO_GEN4) GPIO23	16
17	3.3v DC Power	(GPIO_GEN5) GPIO24	18
19	GPIO10 (SPI_MOSI)	Ground	20
21	GPIO09 (SPI_MISO)	(GPIO_GEN6) GPIO25	22
23	GPIO11 (SPI_CLK)	(SPI_CE0_N) GPIO08	24
25	Ground	(SPI_CE1_N) GPIO07	26
27	ID_SD (I²C ID EEPROM)	(I²C ID EEPROM) ID_SC	28
29	GPIO05	Ground	30
31	GPIO06	GPIO12	32
33	GPIO13	Ground	34
35	GPIO19	GPIO16	36
37	GPIO26	GPIO20	38
39	Ground	GPIO21	40

图 2-23　GPIO 口的设置

GPIO 口包含以下几类。

1．电源和接地引脚

电源和接地引脚用于外部电路供电。所有版本的树莓派均包含标准 40 针 GPIO，均有两个 5V 引脚和两个 3.3V 引脚，而且均处于同一个物理位置。除 5V 和 3.3V 引脚外，所有版本的树莓派还有 8 个接地引脚。在连接传感器、LED 灯等外部元件时，电源和接地引脚可以为这些外部元件供电。需要注意的是，通过这些引脚为任何外部模块或元器件供电之前，都应该保持谨慎，过大的工作电流或峰值电压均有可能损坏树莓派。例如，在连接 LED 灯时，应接上限流电阻。

2. I²C 接口

I²C 是一种简单、双向二线制同步串行总线，通过两根线实现连接于总线上的器件之间的信息传递。树莓派通过 I²C 接口可控制多个传感器和组件。I²C 接口包含 SDA 和 SCL 两个引脚，其中 SDA 是数据引脚，SCL 是时钟引脚。每个从设备都有一个唯一的地址，允许与许多设备进行快速通信。ID_EEPROM 引脚也是 I²C 协议，它用于与 HATs 通信。

3. SPI 接口

SPI 接口是串行外设接口，用于控制具有主从关系的组件，采用从进主出和主进从出的方式工作。树莓派上的 SPI 接口包含 SCLK、MOSI、MISO 三个引脚，SCLK 表示时钟信号，用于控制数据传输速度，MOSI 将数据从树莓派发送到所连接的设备，而 MISO 则相反。

4. UART 接口

UART 指通用异步收发传输器。UART 接口是嵌入式系统中最常用的接口，常用 TTL 电平。该接口包含 TXD 和 RXD 两个引脚，分别表示信号的发送和接收。该接口与传统台式机的 COM 口不同，台式机 COM 口的接口协议常用 RS-232 协议，二者电平不同，并不能直接通信，需要进行电平转换。

5. PWM 接口

在树莓派上，所有的引脚都可以实现软件 PWM，而 GPIO12、GPIO13、GPIO18、GPIO19 可以实现硬件脉宽调制。也就是说，通过输出 PWM 信号，即可实现类似于模拟信号的输出效果。值得注意的是，GPIO 引脚有两种定义方式：一种是使用 BCM 编码；另一种是使用 BOARD 编码。前者对应 GPIO 口的编号，后者对应物理引脚编号。

在使用树莓派之前，需要准备一些外部设备，以保证树莓派可以正常、有效地工作，具体如下：

（1）一个 15W 的 USB Type-C 的供电电源。

（2）一张 SD 卡，用于树莓派操作系统的安装。

（3）一套鼠标和键盘。

（4）一根 Micro HDMI 视频转接线。

知识二　树莓派系统安装

树莓派是一款带操作系统的嵌入式硬件。与 PC 类似，树莓派在使用之前，也需要进行操作系统的安装。

常见的操作系统安装方式有两种：一种是通过 NOOBS 管理器来安装；另一种是直接烧写系统镜像文件。

一、通过 NOOBS 管理器安装操作系统

New Out of Box Software（简称 NOOBS）是树莓派发布的非常简单的系统安装工具，该工具使树莓派系统的安装变得十分简单，并且可以重复安装、任意选择自己想要的操作系统。采用该方法进行系统安装，具体操作如下所述。

1．下载 NOOBS 工具

登录树莓派官网（www.raspberrypi.org），如图 2-24 所示，单击 Downloads 按钮，下载 NOOBS 工具。

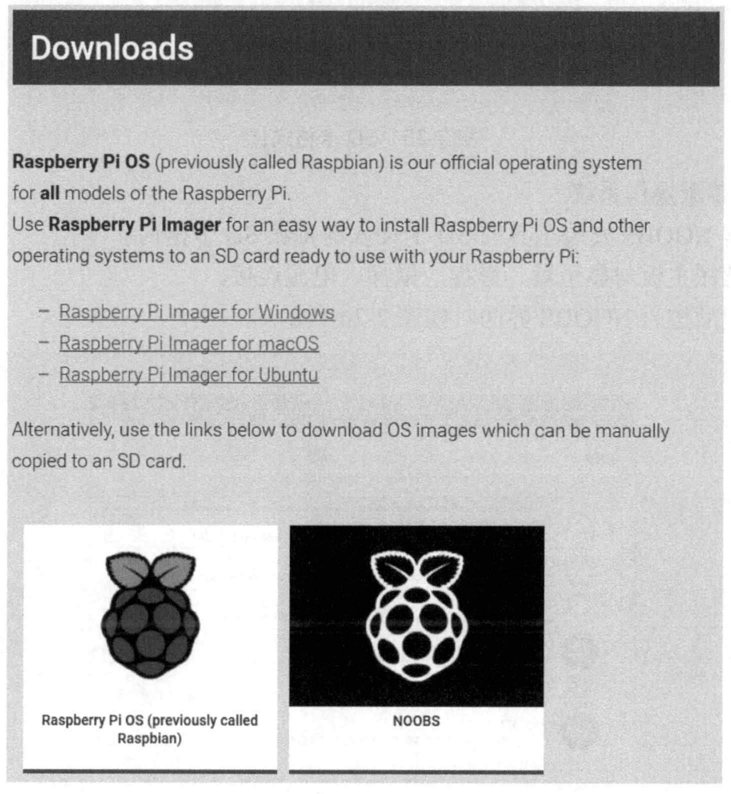

图 2-24　下载 NOOBS 工具

安装文件有两个版本：离线版本和在线版本。离线版本较大，它同时包含 NOOBS 安装程序和所有可用的系统镜像文件，采用该版本不需要联网就可以完成系统安装；在线版本较小，仅包含 NOOBS 安装程序，需要联网后在树莓派基金会的服务器上在线选择操作系统并下载安装。

2．将 NOOBS 工具解压缩至 SD 卡

（1）首先，将 SD 卡进行格式化。如图 2-25 所示，打开 SDFormatter 软件，在 Drive 下拉列表中选择需要进行格式化的 SD 卡，再单击“格式化”按钮。

（2）将下载的 NOOBS 文件夹解压缩，并将该文件夹内的文件全部放到存储卡的根目录中，注意不要包含该文件夹。

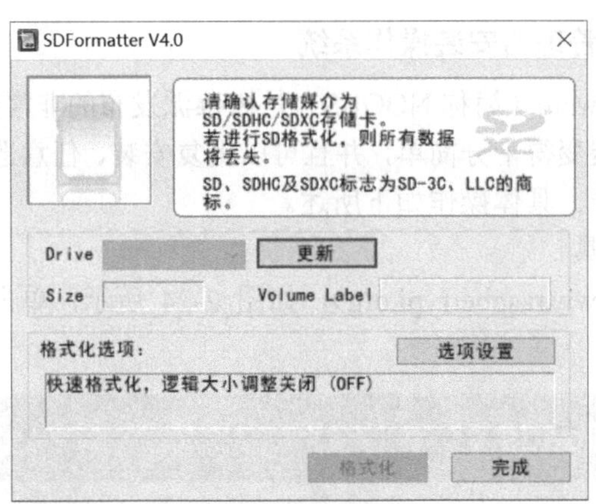

图 2-25　SD 卡格式化

3．安装树莓派操作系统

（1）将包含 NOOBS 安装工具的 SD 卡插入树莓派 SD 卡槽内。

（2）将树莓派主板与显示器、键盘、鼠标、电源连接。

（3）在开机后进入 NOOBS 界面，如图 2-26 所示。

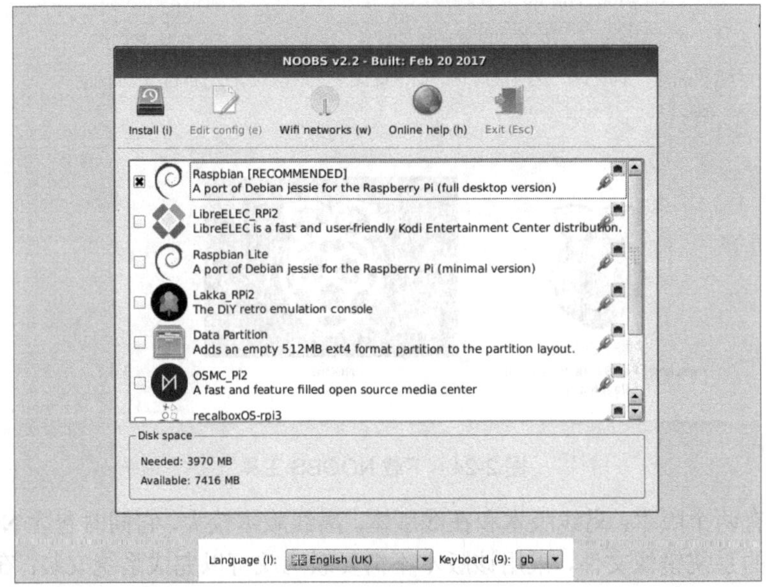

图 2-26　NOOBS 界面

（4）单击 Wifi networks 按钮，连接无线网络。

（5）选择需要安装的操作系统。

在采用 NOOBS 工具安装操作系统时，可供选择的操作系统版本较多，如图 2-27 所示。除了系统推荐的 Raspbian，还有 Ubuntu、RISC OS 等第三方操作系统。基于对物联网市场的看好，Windows 也开发了 IoT 版本的操作系统，该操作系统也可以通过 NOOBS 工具直接安装。本项目的后续开发均基于 Raspbian 操作系统进行。在勾选需要安装的操作系统所对应的复选框后，单击 Install 按钮，然后单击 Yes 按钮确认。在等待一定时间后，系统会提示操作系统安装完成。

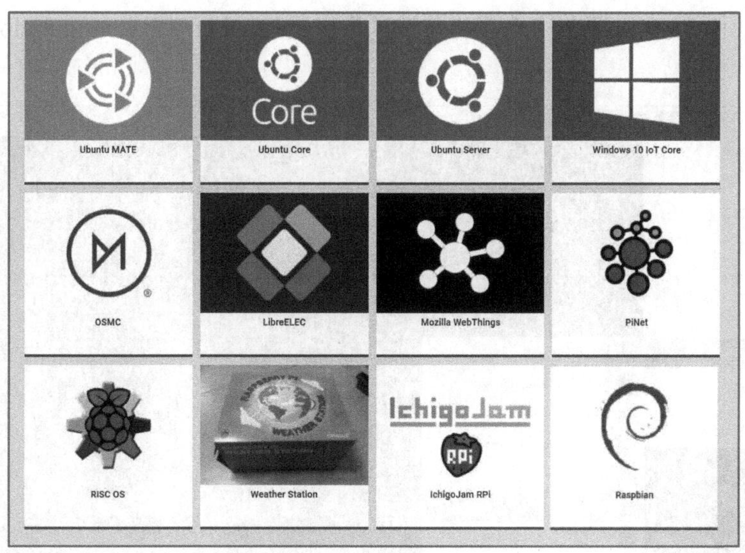

图 2-27　常见操作系统

二、直接安装 Raspbian 操作系统

1．下载操作系统

登录树莓派官网（www.raspberrypi.org），单击 Downloads 按钮，下载 Raspbian 操作系统。

2．格式化 SD 卡

使用 SDFormatter 软件格式化 SD 卡，步骤与方法一相同。

3．烧写系统镜像文件

如图 2-28 所示，打开 Win32 Disk Imager 软件，单击 按钮，选择所下载的操作系统镜像文件（.img），单击 Write 按钮，进行系统镜像文件烧写。在系统镜像文件烧写完成后，会提示 Write Successful。

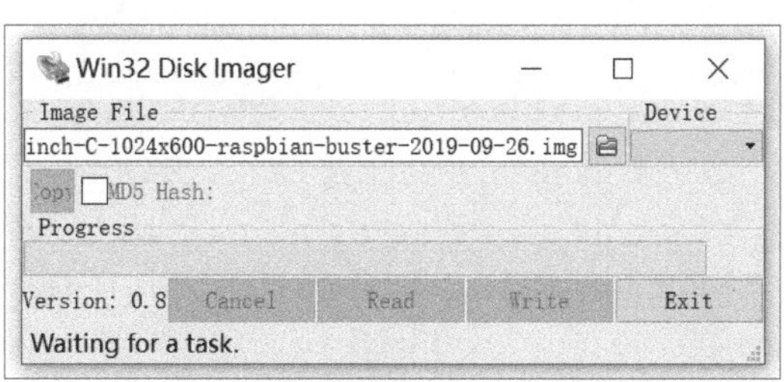

图 2-28　烧写镜像文件

4．安装树莓派操作系统

将 SD 卡插入树莓派 SD 卡槽内，将树莓派主板与显示器、键盘、鼠标、电源连接，然后开机。

三、配置树莓派

在完成树莓派操作系统的安装后，可以对其进行参数配置。

如图 2-29 所示，在主菜单中选择“首选项”→“Raspberry Pi Configuration”命令，进行配置。

图 2-29 进入树莓派配置页面

在树莓派配置页面中，可以对时间、日期等参数进行配置，如图 2-30 所示，也可以启用树莓派 camera、创建用户等。在相关操作完成后，重启系统，即可完成 Raspbian 操作系统的配置。

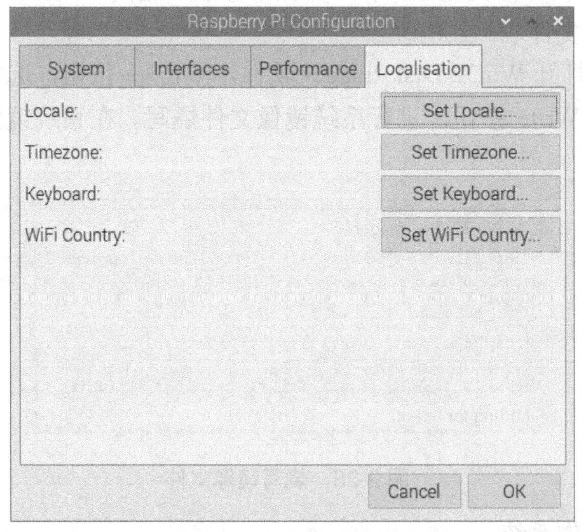

图 2-30 树莓派配置页面

知识三　树莓派常用软件

在树莓派 Raspbian 操作系统安装完毕后，系统自带了一些常用软件，具体包括编程、互联网、影音、图像等类别的软件。本项目主要使用的是编程相关的软件，具体如下所述。

一、Geany

Geany 是一款功能强大、稳定、轻量级的基于 GUI 的文本编辑器，可以在 Windows、macOS、Linux 等多种操作系统中运行，可以支持 C、C++、C#、Java、HTML、PHP、Python、Perl、Ruby、Erlang 和 LaTeX 等 50 多种编程语言。Geany 使用 GTK2 工具编写，具备集成开发环境（IDE）的基本特性。Geany 的独特之处在于，它被设计为独立于特定的桌面环境，并且仅需要较少数量的依赖包，只需要 GTK2 运行库就可以运行。

在安装 Raspbian_20190926 版本的系统后，选择“编程”命令，即可看到 Geany 软件，如图 2-31 所示。

图 2-31　查看 Geany 软件

以 C 语言为例，Geany 软件的工作界面如图 2-32 所示。

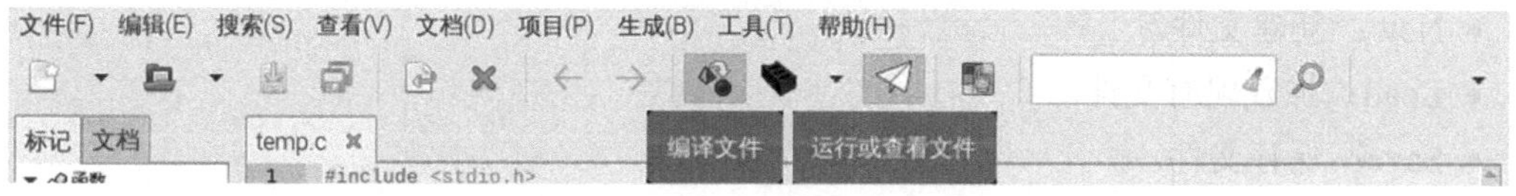

图 2-32　Geany 软件的工作界面

执行 C 语言代码的流程如下所述。

在打开 Geany 软件后，输入代码，保存为.c 文件，单击编译、生成、运行等相应按钮，即可查看代码运行结果。

二、Thonny Python IDE

Thonny 是最新的 Raspbian 操作系统中自带的 Python IDE，是一款适合新手的集成开发环境。该软件具有以下特性。

1．易于上手

Thonny 软件内置了 Python。初始的用户界面会删除可能分散初学者注意力的所有功能。

2．变量查看方便

使用 View Variables 命令可以查看变量，了解变量的地址和变量之间的引用。

3．可以进行调试

该软件不需要打断点，就可以进行调试。在调试过程中，不仅可以进行单步调试，还可以遵循程序结构进行调试，而不仅仅是代码行。

4．高亮语法错误

该软件对于常见的语法错误将高亮显示，以便发现错误。

除了上述特点，该软件还具有很多优点，非常适合初学者进行开发。

Thonny 软件的工作界面如图 2-33 所示。

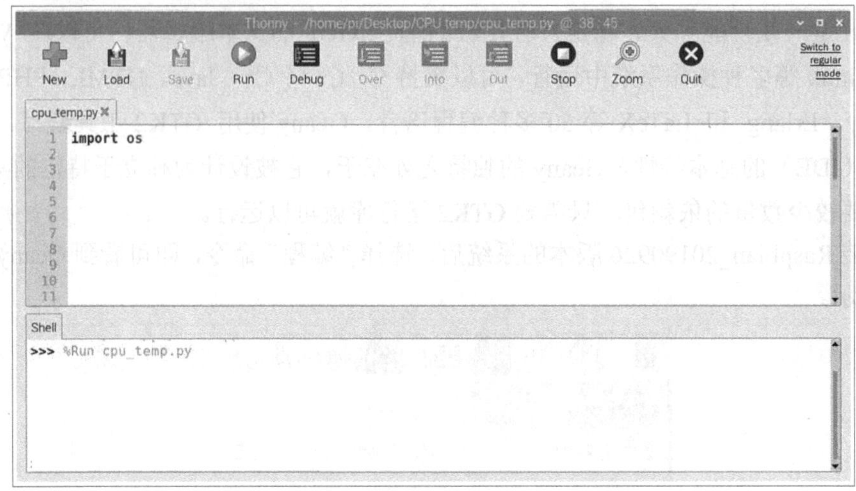

图 2-33　Thonny 软件的工作界面

该界面上方为工具栏，包含以下常用命令。

- New：新建文件。
- Load：加载现有文件。
- Save：保存文件。
- Run：运行代码。
- Debug：调试。
- Over：跳过函数。
- Into：进入函数。
- Out：跳出函数。
- Stop：停止。

该界面中间为代码区，下方为代码执行结果的显示区。

任务四　树莓派 CPU 温度监控系统

本任务的最终目标是实现树莓派 CPU 温度远程监控，在进行数据上传的基础上，需要将模拟数据替换为树莓派 CPU 温度数据。因此，需要正确采集 CPU 温度数据。下面会采用多种方法进行 CPU 温度数据的采集。

知识一　CPU 温度数据的存储位置

树莓派是一款自带操作系统的嵌入式设备，可以实时采集 CPU 温度数据，并将其保存在路径为 sys/class/thermal/thermal_zone0 的文件夹内，如图 2-34 所示。在进入该文件夹后，CPU 温度数据被保存在名称为 temp 的文件内，该文件为只读文件。

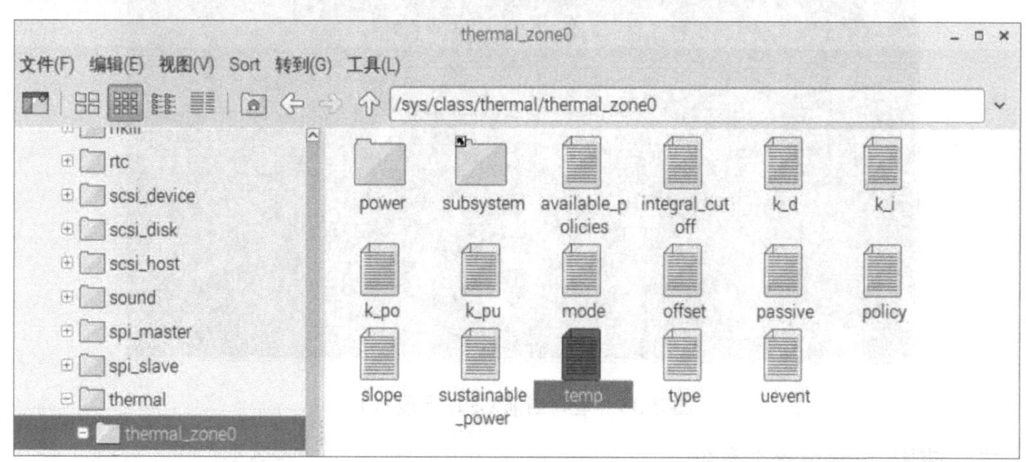

图 2-34　CPU 温度数据的存储位置

采用 Geany 软件打开该文件，可以看到一个 5 位数字，将该 5 位数字除以 1000，就可以得到当前 CPU 温度，单位为摄氏度（℃）。

例如，在打开该文件后，显示 23000，则表示当前 CPU 温度为 23℃。

知识二　通过 Shell 指令获取 CPU 温度数据

Shell 俗称壳（用来区别于核），是指“为使用者提供操作界面”的软件，可以作为命令解析器。Shell 类似于 DOS 系统下的 cmd.exe，在软件界面中输入用户命令，可以调用相应的应用程序。

通过 Shell 指令获取 CPU 温度数据，有两种具体的操作方式。

一、读取 temp 文件内的数值

（1）打开 LX 终端。

（2）输入 cd　/sys/class/thermal/thermal_zone0 命令，进入存放 temp 文件的文件夹中。

（3）输入 cat temp 命令，查看温度数据。

（4）树莓派返回温度数据。

（5）将该 5 位数除以 1000，就可以得到当前 CPU 温度，单位为℃。如图 2-35 所示，当前 CPU 温度为 24.823℃。

图 2-35 查看当前 CPU 温度（1）

二、使用 vcgencmd 命令

除了常见的 Linux 命令，树莓派还提供了 vcgencmd 命令，用于和树莓派硬件直接进行互动。

查看 CPU 温度是该命令常见的应用之一。输入如下命令：

```
vcgencmd measure_temp
```

执行上述命令，返回值即为 CPU 温度，如图 2-36 所示，当前 CPU 温度为 23.0℃。

图 2-36 查看当前 CPU 温度（2）

除查看 CPU 温度外，vcgencmd 命令还可用于查看以下硬件参数。

- 查看 vcgencmd 可用命令：vcgencmd commands。
- 查看时钟频率：vcgencmd measure_clock <clock>。
- 查看硬件电压：vcgencmd measure_volts <id>。
- 查看解码器是否开启：vcgencmd codec_enabled <codec>。
- 获取配置：vcgencmd get_config。

知识三　通过 Python 获取温度数据

Python 用于实现温度数据的采集，其代码简洁、直观。采用 Shell 指令的方式获取的 CPU 温度数据，在 Python 中也可以采用类似的方式实现，常用的方法主要有两种：采用 vcgencmd 命令和从目标文件夹读取。

一、采用 vcgencmd 命令

对于在 Shell 软件中输入的命令，Python 中提供了 os.popen()函数，用于获取控制台的输出内容。该函数需要调用现有库函数 os 来实现。

os 库是 Python 的核心标准库之一，可以实现执行操作系统命令、调用操作系统中的文件和目录等一系列基础工作。本实验在获取 CPU 温度数据时，调用了 os.popen()函数。

二、从目标文件夹读取

对于已知地址的文件，在 Python 中，可以通过 file.read()函数读取文件内容。

参考代码如下：

```
import os
# 定义 4 个采集 CPU 温度数据的子函数，前两个采用 vcgencmd 命令的方式
# 后两个采用从目标文件夹读取的方式
def getCPUtemperature():
    res = os.popen('vcgencmd measure_temp').readline()
    return(res.replace("temp=","").replace("'C\n",""))

def getCPUtemperature_2():
    return os.popen('vcgencmd measure_temp').read()[5:9]

def getCPUtemperature_3():
    with open("/sys/class/thermal/thermal_zone0/temp") as tempFile:
        res = tempFile.read()
        res=str(float(res)/1000)
    return res

def getCPUtemperature_4():
    file = open("/sys/class/thermal/thermal_zone0/temp")
    # 读取结果，并转换为浮点数
```

```
        temp = float(file.read()) / 1000
        # 关闭文件
        file.close()
        res =str(temp)
        return res

    # 调用子函数，获取 CPU 温度数据
    CPU_temp = getCPUtemperature()
    CPU_temp_2 = getCPUtemperature_2()
    CPU_temp_3 = getCPUtemperature_3()
    CPU_temp_4 = getCPUtemperature_4()

    # 执行主函数，输出不同方法获取的 CPU 温度数据
    if __name__ == '__main__':
        print('')
        print('CPU Temperature = ' + CPU_temp)
        print('CPU Temperature = ' + CPU_temp_2)
        print('CPU Temperature = ' + CPU_temp_3)
        print('CPU Temperature = ' + CPU_temp_4)
```

上述参考代码给出了两种方法的 4 种具体实现方式。将上述参考代码保存成.py 文件，并使用 Thonny 软件打开，单击 Run 按钮，得到如图 2-37 所示的运行结果。

```
Shell
>>> %Run cpu_temp.py

 CPU Temperature = 25.0
 CPU Temperature = 25.0
 CPU Temperature = 25.797
 CPU Temperature = 25.797

>>>
```

图 2-37　运行结果

从运行结果可以看出，这 4 种方式均可以获取 CPU 温度数据，但是采用 vcgencmd 命令和从目标文件夹读取所获取的 CPU 温度数据的精度不同。

实验一　树莓派 CPU 温度监控系统

【实验目的】

（1）掌握树莓派 CPU 温度的数据点上传方法。

（2）掌握 OneNET 轻应用开发流程。

【实验设备】

（1）一台树莓派。

（2）一套显示器、键盘、鼠标。

（3）一台 PC（可选）。

【实验要求】

通过 Python 采集树莓派的 CPU 温度数据，并生成 JSON 数据流。通过 HTTP 协议将数据点上传至已注册的 HTTP 设备的对应数据流下。分别创建网页版和手机版实时监测应用。

【实验步骤】

一、记录信息

打开控制台，进入任务二所创建的产品下，记录设备 ID、APIkey 和数据流名称。

二、CPU 温度数据的采集及上传

本实验采用 Python 进行开发。在采用知识三中的其中一种方法完成树莓派的 CPU 温度数据的采样后，按照 HTTP 协议的要求，生成满足条件的请求报文并进行数据上传。OneNET 平台对基于 HTTP 协议的数据上传采用的请求方式为 POST。

在数据采集及上传过程中，Python 需要调用现有库函数 requests、json、os，以实现所需要的功能。

参考代码如下：

```
#导入库函数
import requests
import json
import os

#定义采集 CPU 温度数据的子函数，返回值为 CPU 温度
def getCPUtemperature():
    res = os.popen('vcgencmd measure_temp').readline()
    return(res.replace("temp=","").replace("'C\n",""))

#此处输入设备 ID
DEVICEID = 'xxxxxxxx'
#此处输入 APIKEY
APIKEY = 'xxxxxxxxxxx'

#生成 url
url = 'http://api.heclouds.com/devices/%s/datapoints?type=3'%(DEVICEID)
#生成指定格式的 header
headers = {
    "api-key":APIKEY,
    "Connection":"close"
}
#生成 JSON 数据流，对应数据流名称为 temp
CPU_temp = getCPUtemperature()
dict = {"CPUtemp":CPU_temp}
print (dict)
```

```
s = json.dumps(dict)

#采用 HTTP 协议上传数据
r = requests.post(url,headers=headers,data = s)

#打印从 OneNET 平台收到的反馈信息
print (r.headers)
print ('1',20 * '*')
print (r.text)
print ('2',20 * '*')
```

将上述代码保存成.py 文件。在树莓派中，使用 Thonny 软件运行上述代码。在结果正确时，会得到如下反馈：

```
{'Date': 'Fri, 06 Mar 2020 09:43:03 GMT', 'Content-Type': 'application/json',
'Content-Length': '26', 'Connection': 'close', 'Server': 'Apache-Coyote/1.1',
'Pragma': 'no-cache'}
1********************
{"errno":0, "error": "succ"}
2********************
```

上述反馈内容分别表示响应报文头部和响应报文主体。

三、创建应用

针对数据流，OneNET 平台提供了便捷的轻应用开发平台。如图 2-38 所示，选择“应用管理”标签，在出现的“应用管理”界面中，单击“添加应用”按钮，进入应用编辑界面。

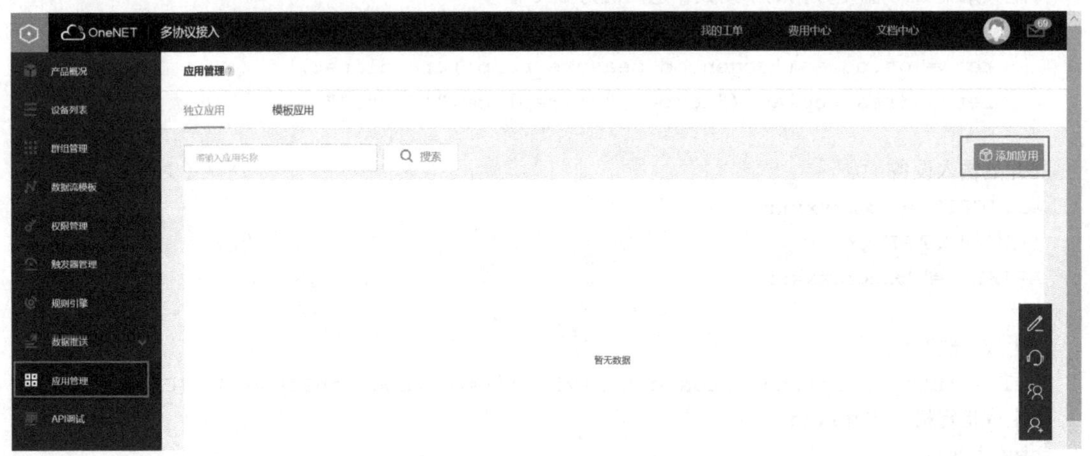

图 2-38 “应用管理”界面

如图 2-39 所示，在应用编辑界面上方的设备选择下拉列表中，选择制作应用的设备。在选择完成后，选中一个控件，可以拖动控件到编辑区中，在设置面板中选择需要查阅的数据流，并设置刷新频率及数值范围。

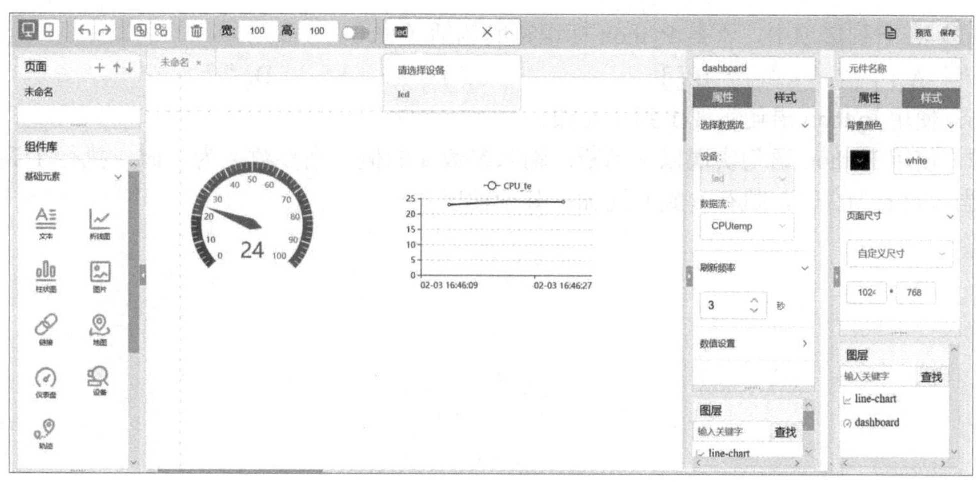

图 2-39　应用编辑界面

在编辑完成后，单击“预览”按钮就可以看到生成的应用界面。通过其右上角的“预览”“发布”按钮可以查看制作的轻应用。

通过上述步骤，就可以实现远程监控树莓派 CPU 温度。同样地，当上传的信息变为采集的传感器信息时，就可以实现各类信息的远程监控，满足物联网监测信息的应用需求。

思考与练习

1．创建 HTTP 协议产品、设备、数据流。

2．使用树莓派通过 4 种方式采集 CPU 温度数据，上传至云平台，并创建折线图应用。

3．填空题

（1）Python 使用____________表示注释。

（2）在 Python 中，可变的数据类型有__________________，不可变的数据类型有__________________。

（3）在 Python 中，序列类型有_______________，映射类型有__________________。

（4）常见的数字类型包括__________________________________几大类。

（5）若字符串 s="A1B2C3D4E5"，则 s[2]=__________，s[2:7]=_______________，s[:4]=______________，s[::-1]=________________，s[::2]=________________。

4．判断题

（1）变量需要进行声明。

（2）变量无须指定类型。

（3）双引号和单引号都可以表示字符串。

（4）变量无须赋值，可以直接使用。

5．选择题

（1）Python 支持的数据类型包括（　　　　）。

A.{ }　　　　B.[ ]　　　　C.( )　　　　D. “ ”

（2）在下列选项中，不是 Python 标识符的包括（　　　　）。

A.{ }　　　　B.[ ]　　　　C.( )　　　　D. “ ”

6．使用 Python 语句实现 1 到 9 连加。

7．使用 Python 语句实现以下判断：输入参数 a 的值，当参数 a 为 1 时，执行 1 到 5 连加；当参数 a 为 2 时，执行 6 到 9 连加；其余输出 0。

项目三　基于 EDP 协议的远程智能家居系统

项目概述

近年来，智能家居越来越普及，远程监测温湿度、远程控制开关灯等应用已经进入日常家庭，提升了家居智能化程度，方便了使用者的日常管理，也能及时预警一些隐患。本项目以常见的树莓派为载体，采用 EDP 协议将树莓派采集到的温湿度信息上传至 OneNET 平台，并通过网页端、手机端进行实时的远程监测及预警；同时，通过平台下发命令，实现远程控制树莓派点灯，模拟实际智能家居场景。

知识目标

（1）掌握 EDP 协议的概念及特点
（2）掌握基于 EDP 协议的数据上传、命令下发、点对点通信流程
（3）掌握基于 EDP 协议的 OneNET 平台应用开发流程
（4）掌握 EDP 协议的 Python 实现方法

技能目标

（1）能够使用调试软件进行 EDP 协议调试
（2）能够调用 SDK 进行代码开发
（3）能够基于树莓派硬件系统进行数据上传、命令下发、点对点通信
（4）能够进行轻应用开发

任务一　EDP 协议调试

EDP（Enhanced Device Protocol，增强设备协议）是 OneNET 平台根据物联网特点专门定制的、完全公开的、基于 TCP 协议的协议，可以广泛应用到家居、交通、物流、能源及其他行业中。该协议具备长连接、支持平台消息下发（支持离线消息）、支持端到端数据转发等特点，适用于设备和平台等需要保持长连接、点对点控制的使用场景。以智能家居为例，终端设备可以通过 HTTP 协议上传监控区域的空气温湿度、光照度、人员进出信息等数据，OneNET 平台可以将数据推送到用户的应用服务器上，用户可以对这些数据进行分析。但是，如果用户想要远程控制设备上连接的灯、蜂鸣器、继电器等外设，实现报警、自动开关家用电器等应用，则 HTTP 协议将无法满足。EDP 协议支持平台消息下发，可以通过下发消息的方式给终端设备发送命令，终端设备在收到命令后，可以根据收到的信息执行相应的命令。

在进行底层硬件开发前，首先通过简单的 EDP 协议调试软件，学习该协议能实现的连接、数据上传、命令下发、点对点通信等功能，以及对应的命令，有助于理解协议应用。

实验一 创建 EDP 协议产品

【实验目的】

（1）掌握 EDP 协议的产品、设备、数据流创建流程。

（2）掌握 EDP 协议的产品创建、参数与 HTTP 协议的异同。

【实验设备】

一台 PC，可连接 Internet。

【实验要求】

在 OneNET 平台注册 EDP 协议产品，并在该产品下注册设备，创建数据流，记录关键参数。

【实验步骤】

一、新建 EDP 协议产品

（1）登录 OneNET 平台，进入控制台，在“全部产品”中，选择“多协议接入”。

（2）采用 EDP 协议创建产品，并填写相关信息。需要填写产品名称、产品行业、产品类别、联网方式、设备接入协议、操作系统、网络运营商等一系列信息。在这些信息中，除设备接入协议外，其他信息不影响后续设备接入。

二、新建 EDP 设备

在同一类产品下，可以添加多个设备，每一个设备都将与一个实际设备对应。如图 3-1 所示，选择“设备列表”标签，在出现的界面中，添加 EDP 设备。

图 3-1 添加 EDP 设备

单击“添加设备”按钮，在打开的如图 3-2 所示的界面中，填写“设备名称”和“鉴权信息”等设备信息。在“设备名称”文本框中可以填写 1～64 个字。在“鉴权信息”文本框中可以填写 1～512 个英文、数字。鉴权信息是作为设备登录参数之一参与设备登录鉴权的。在一个产品系列下，鉴权信息是唯一的，因此推荐使用实际设备的 SN 号、IMEI 号等唯一标识作为设备编号。

图 3-2　填写设备信息

单击“添加”按钮，完成设备创建。

三、新建数据流

在数据流模板中，添加数据流，输入数据流名称，长度为 1～30 个英文、数字和符号。单位名称和单位符号是可选的。

四、记录关键参数

在后续 EDP 调试中，需要使用一些参数进行鉴权。记录产品 ID、APIkey、设备 ID、鉴权信息、数据流名称等关键参数。

实验二　使用 EDP 调试软件建立连接

【实验目的】

（1）掌握设备与 EDP 建立连接的 EDP 调试方法。

（2）掌握 EDP 调试软件参数的含义。

【实验设备】

（1）一台 PC，可连接 Internet。

（2）EdpProtoDebugger 软件。

【实验要求】

厘清 EDP 调试软件各参数的具体含义，使用 EDP 调试软件实现设备与云平台的连接，使用翻译器对消息进行解析。

【实验步骤】

一、EDP 调试工具

在浏览器地地址栏中输入 https://open.iot.10086.cn/devdocl，进入开发者文档，然后选择“多协议接入”→“开发指南”→“EDP”→“设备开发”→“文档与工具”，在“文档与工具”页面下载 EDP 调试工具 EdpProtoDebugger。打开 EDP 调试工具 EdpProtoDebugger，其界面如图 3-3 所示。

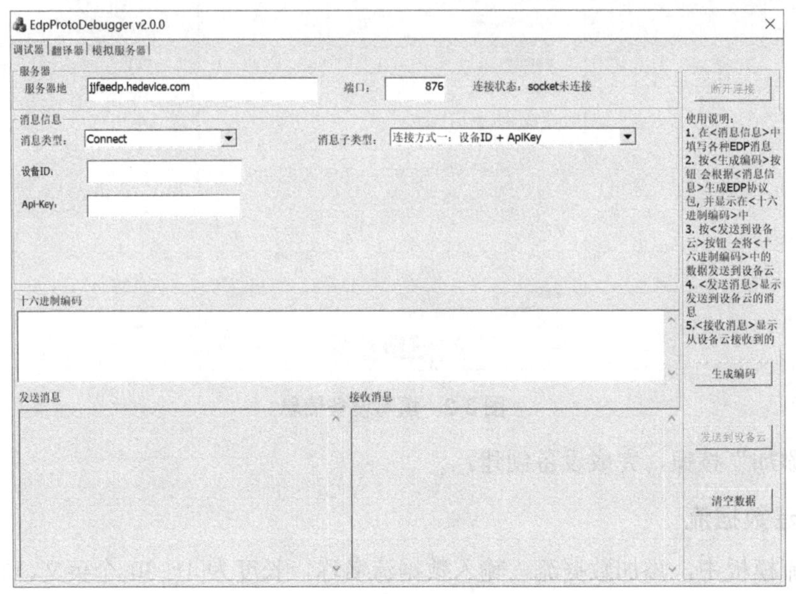

图 3-3　EdpProtoDebugger 界面[①]

该软件包括调试器、翻译器和模拟服务器。其中，调试器使用较多，用于输入连接信息、接收平台发送的命令、向平台发送信息。翻译器主要用于翻译从服务器接收到的信息。

（1）在“调试器”选项卡中，“服务器地址”和“端口”用于与云平台建立 TCP 连接。

（2）“消息类型”下拉列表用于选择后续的操作，主要包括 Connect、PushData、SaveData、Ping 选项。这些操作指令与底层硬件语言保持一致。

- Connect 表示建立连接。
- PushData 表示设备间推送数据。
- SaveData 表示让服务器保存数据。
- Ping 表示测试与服务器的连接。

（3）在选择具体的消息类型后，就会有相应的消息子类型。例如，在选择 Connect 选项后，会有不同的连接方式，在选择 SaveData 选项后，会有不同的数据类型。

（4）“生成编码”按钮用于根据输入的信息，生成 EDP 协议包，并在十六进制编码中显示。

（5）“发送到设备云”按钮用于将生成的十六进制编码发送到设备云，只有在生成编码完成后，该按钮才能使用。

（6）“发送消息”和“接收消息”列表框分别显示发送到设备云的信息、从设备云接收到的信息。

（7）“清空数据”按钮用于清空发送消息和接收消息。

---

① 此图为软件界面，其中的“服务器地”应为“服务器地址”。

二、建立连接

以 OneNET 平台为例，填写以下信息。

服务器地址：jjfaedp.hedevice.com。

端口：876。

消息类型：Connect。

消息子类型：采用“连接方式一：设备 ID+ApiKey”，其中设备 ID 为新建设备的 ID，注意与产品 ID 进行区分。在“产品概况”界面中单击 Master-APIkey 可以查看 APIkey，如图 3-4 所示，在查看过程中，为了信息安全，需要输入短信验证码。

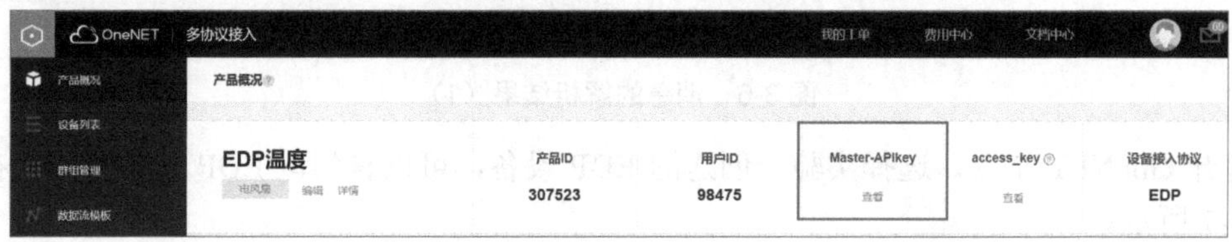

图 3-4　查看 APIkey

在所有信息填写完毕后，依次单击图 3-5 中的“生成编码”“发送到设备云”按钮，建立连接工作流程。在“发送消息”列表框内会显示发送的具体信息。

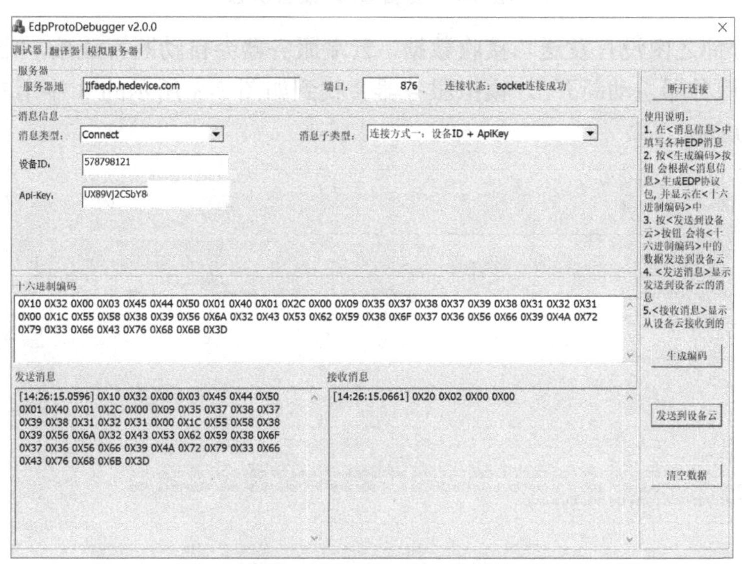

图 3-5　建立连接工作流程

在连接完成后，上方的“连接状态”会显示“socket 连接成功”。

建立连接还可以采用另一种连接方式“项目 ID+AuthInfo”，其中项目 ID 为创建的产品 ID，AuthInfo 为设备的鉴权信息，可以在设备详情中进行查看。

三、消息解析

在“接收消息”列表框内会显示接收到的 4 字节的十六进制编码数。复制“接收消息”

列表框内的十六进制编码数至翻译器内进行解析，得到消息的解析结果，如图 3-6 所示。该消息的最后一个字节表示返回码，当值为 0X00 时表示连接成功。只有在收到该反馈信息时，才表示连接成功。当未连接成功时，会有具体的错误信息代码，经过翻译器翻译，可以获取错误的具体描述信息。

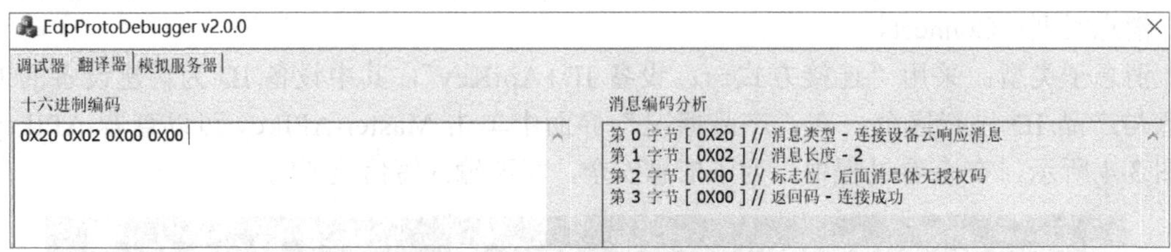

图 3-6　消息的解析结果（1）

打开 OneNET 平台，选择实验一创建的 EDP 设备，可以看到该 EDP 设备状态为在线，如图 3-7 所示。

设备ID	设备名称	设备状态	最后在线时间	操作
578798121	温度计	在线	2020-02-07 14:26:15	详情 数据流 更多操作

图 3-7　查看 EDP 设备状态

如果在 5 分钟之内没有发送与接收数据，云端服务器会自动断开连接，"连接状态"会变为"断开连接-服务器主动断开"，模拟服务器会收到如图 3-8 所示的 3 字节的十六进制数，即 0X40 0X01 0X06。

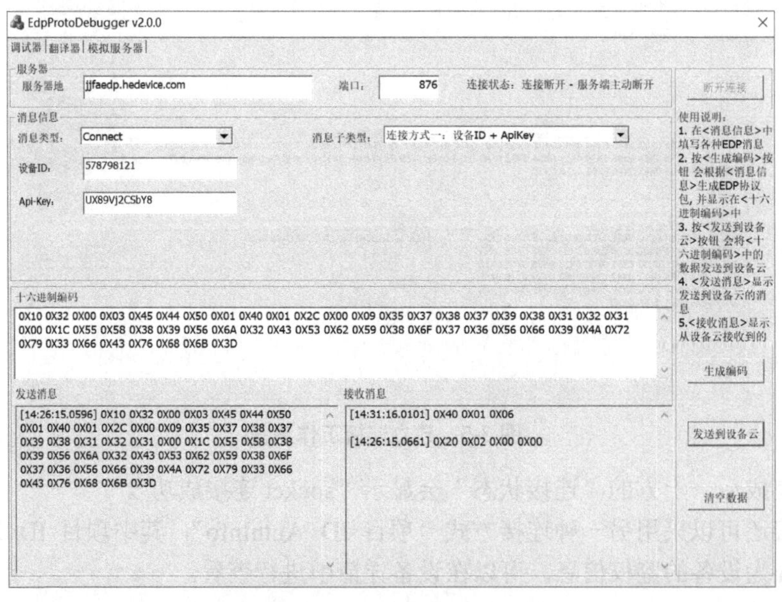

图 3-8　服务器主动断开连接

经过翻译器翻译，接收到的消息的解析结果如图 3-9 所示。

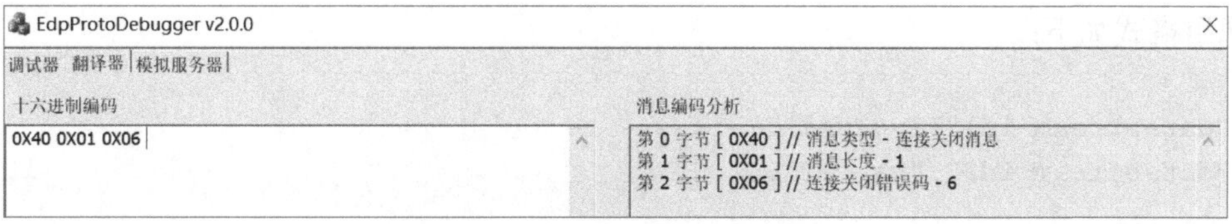

EdpProtoDebugger v2.0.0

调试器　翻译器 | 模拟服务器 |

十六进制编码

0X40 0X01 0X06

消息编码分析

第 0 字节 [0X40] // 消息类型 - 连接关闭消息
第 1 字节 [0X01] // 消息长度 - 1
第 2 字节 [0X06] // 连接关闭错误码 - 6

图 3-9　消息的解析结果（2）

表明连接已经关闭，错误码为 6。

打开 OneNET 平台，可以看到创建的 EDP 设备状态为离线。

实验三　基于 EDP 调试软件的数据上传

【实验目的】

（1）掌握 EDP 协议数据上传的流程及常见命令。

（2）掌握整个流程中各类信息的解读。

【实验设备】

（1）一台 PC，可连接 Internet。

（2）EdpProtoDebugger 软件。

【实验要求】

使用 EDP 调试软件，在建立连接后，进行数据上传。数据上传的方式有 7 种，如 JSON 格式、二进制数据、分号间隔字符串等。

- Type1：JSON 格式 1。

```
{
  "datastreams":[
        {
          "id":"temperature",
              "datapoints":[
                          {
                          "at": "2013-04-22 22:22:22",
                          "value": 36.5
                           }
                        ]
        },
        {
          "id": "location"
              "datapoints":[…]
        }, { … }
       ]
}
```

- Type2：二进制数据。
- Type3：JSON 格式 2。

通用格式如下：

```
{
  "datastream_id1":"value1",
  "datastream_id2":"value2",
   …
}
```

示例如下：

```
{"temperature":22.5, "humidity": "95.2%"}
```

- Type4：JSON 格式 3。

通用格式如下：

```
{
 "datastream_id1":{"datetime1": "value1"},
 "datastream_id2":{"datetime2": "value2"},
 …
}
```

示例如下：

```
{"temperature":{"2015-03-22 22:31:12":22.5}}
```

- Type5：分号间隔字符串。

消息最前面的两个字节为用户自定义的域中分隔符和域间分隔符，这两个分隔符不能相同。比如，采用逗号作为域中分隔符，分号作为域间分隔符的格式：

```
,;field0;field1;…;fieldn
```

其中，每个 field 支持 3 种格式。

field 格式 1：3 个子字段，分别是数据流 ID、时间戳、数据值。通用格式如下：

```
datastream_id,datetime,value
```

field 格式 2：2 个子字段，分别是数据流 ID 和数据值，省略时间戳。通用格式如下：

```
datastream_id,value
```

field 格式 3：1 个子字段，省略了数据流 ID 和时间戳，只传输数据值，平台将用该域（field）所在的位置号（从 0 开始）作为数据流 ID。通用格式如下：

```
value
```

示例如下：

```
,;temperature,2015-03-22 22:31:12,22.5;102;pm2.5,89;10
```

- Type6：分号间隔字符串，带时间戳。
- Type7：浮点数数据。

本实验选取常见的 3 种格式，并采用 SaveData 命令，将数据上传至实验一所创建的设备中。

【实验步骤】

一、建立连接

填写以下信息。

服务器地址：jjfaedp.hedevice.com。

端口：876。

消息类型：Connect。

消息子类型：采用“连接方式一：设备 ID+ApiKey”，填写相应信息，单击“生成编码”按钮，再单击“发送到设备云”按钮。查看连接状态，确保设备与云平台连接成功。

二、采用 JSON 格式（Type1）上传数据

1．选择消息类型

在“消息类型”下拉列表中选择 SaveData 选项，表示请求服务器存储数据，在服务器存储数据后，就可以在云平台对数据进行查看。

2．选择消息子类型

在“消息子类型”下拉列表中选择“数据类型一：Json 数据 1”选项。在“数据”文本框中输入如下 JSON 数据流：

```
{
    "datastreams": [{
            "id": "temp",
            "datapoints": [{
                    "value": 32
                }
            ]
        }
    ]
}
```

该 JSON 数据流格式与 HTTP 协议使用的 JSON 数据流格式一致。操作的对象是数据流，该数据流对应的名称是 temp，上传的数据点的值为 32，如图 3-10 所示。单击“生成编码”按钮，再单击“发送到设备云”按钮。

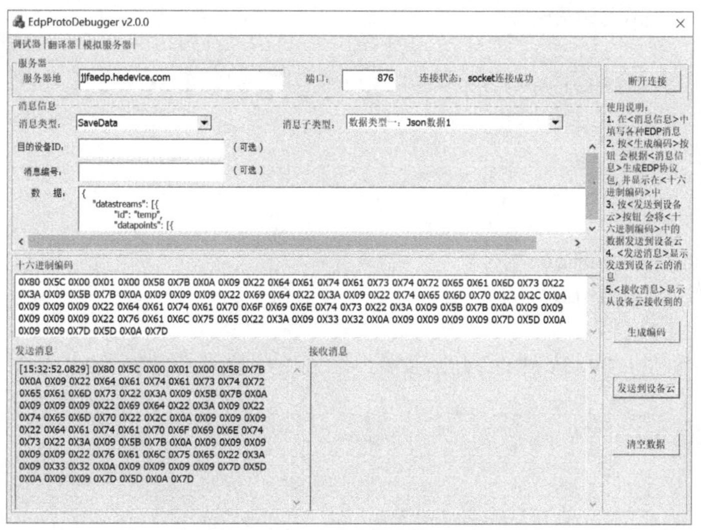

图 3-10　添加数据点

3．云平台查看数据

打开 OneNET 平台，选择“设备列表”标签，由于设备在建立连接时，通过设备 ID 已经确定是唯一的，因此打开目标设备的数据流，可以看到数据流 temp 下，新增了一个数据点，其值为 32，如图 3-11 所示。

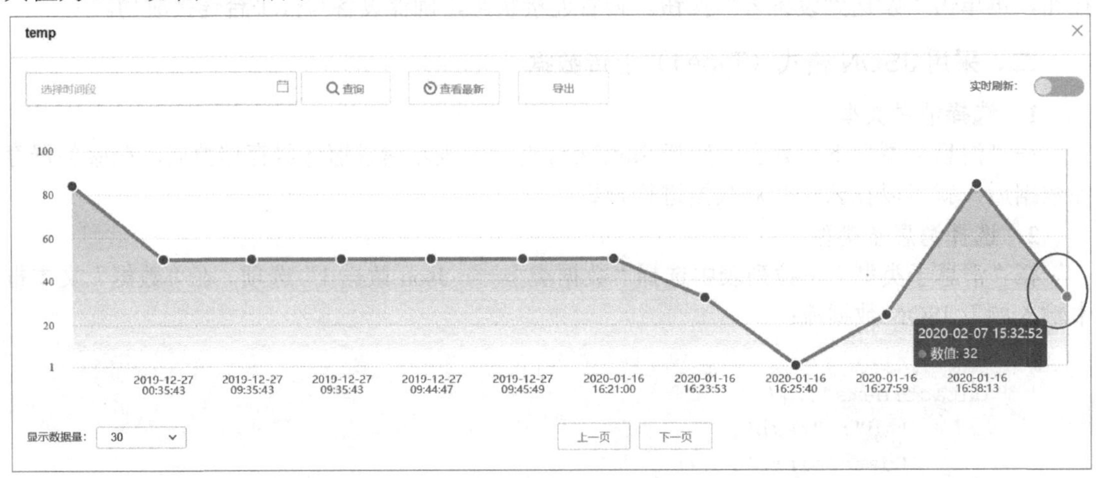

图 3-11 新增的数据点

4．上传多个数据点

上述流程为采用 JSON 格式上传单个数据点的流程，采用 JSON 格式上传多个数据点的流程与上述流程类似。

在数据内输入如下 JSON 数据流：

```
{
    "datastreams": [{
            "id": "temp",
            "datapoints": [
                {
                    "value": 84
                }
            ]
        },
        {
            "id": "number",
            "datapoints": [
                {
                    "value": 24
                }
            ]
        }
    ]
}
```

该数据流包含两个数据流：一个是名称为 temp 的数据流，上传的数据点的值为 84；另一个是名称为 number 的数据流，上传的数据点的值为 24。单击“生成编码”按钮，再单击“发送到设备云”按钮。

5．云平台查看数据

打开 OneNET 平台，可以看到该设备下两个数据流均有数据点更新，如图 3-12 所示。名称为 temp 的数据流收到数据点的值为 84，名称为 number 的数据流收到数据点的值为 24。

图 3-12　新增的两个数据点

三、采用 JSON 格式（Type4）上传数据

1．上传单个数据点

在 EDP 协议中，上传数据除了采用上述格式的 JSON 数据流，还支持另一种 JSON 数据流。

如图 3-13 所示，在“数据”文本框中，输入如下格式的 JSON 数据流：

```
{"temp":{"2020-02-07 16:29:30":22}}
```

上述 JSON 数据流操作的对象为数据流 temp，它的值为嵌套的对象格式。对象的名称是时间，表示上传数据点的时间；对象的值为 22。云平台在收到信息后，会解析上述 JSON 数据流，并将结果保存到数据流 temp 下。如果数据流的格式不符合上述格式，则会提示格式错误。

单击“生成编码”按钮，再单击“发送到设备云”按钮。

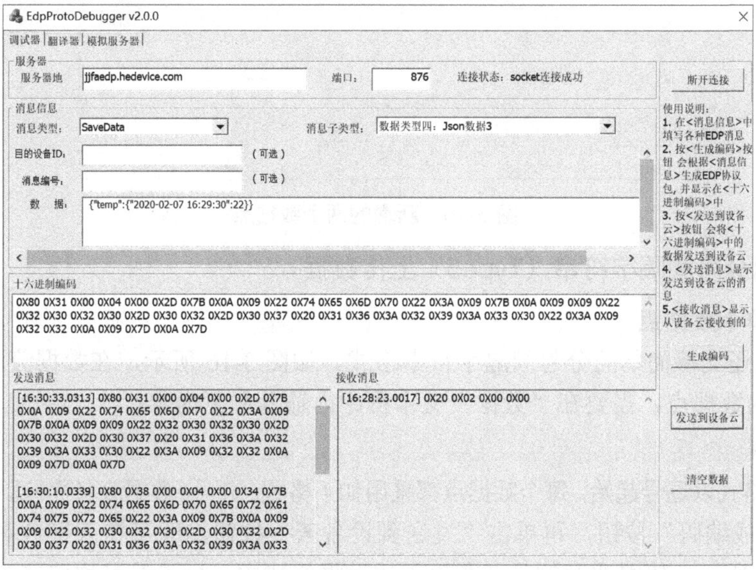

图 3-13　添加数据点

打开设备的数据流，可以看到上传的数据点，此数据点的建立时间为 JSON 数据流中包含的时间，如图 3-14 所示。

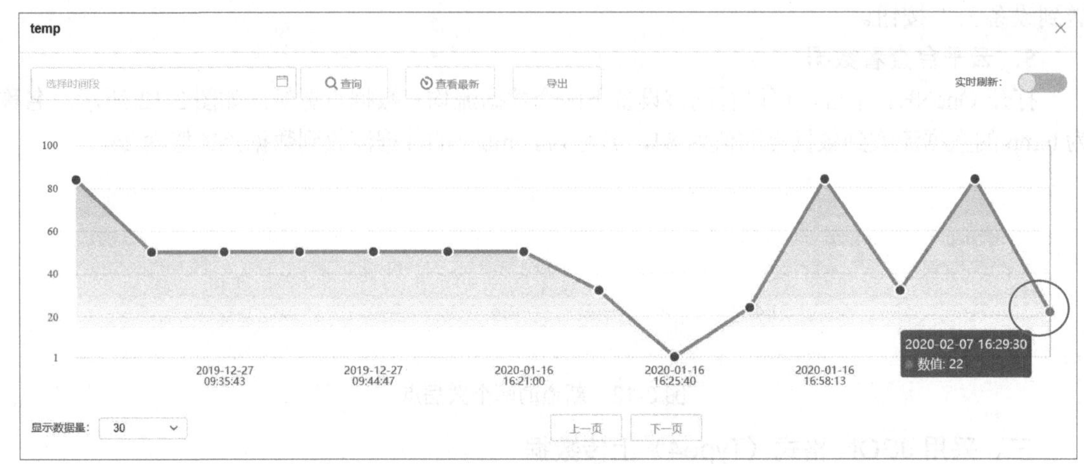

图 3-14　新增的数据点

2. 上传多个数据点

当多个数据流都需要上传数据点时，采用如下 JSON 数据流：

```
{"temp":{"2020-02-07 16:35:00":22},
"number":{"2020-02-07 16:35:00":42}}
```

单击“生成编码”按钮，再单击“发送到设备云”按钮。

打开 OneNET 平台，可以看到该设备下两个数据流均有数据点更新，如图 3-15 所示。名称为 temp 的数据流收到数据点的值为 22，名称为 number 的数据流收到数据点的值为 42，上传时间为 2020-02-07 16:35:00。

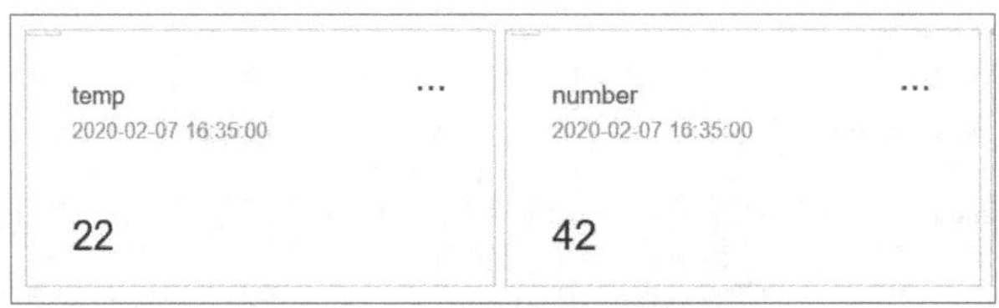

图 3-15　新增的两个数据点

四、采用分号间隔字符串（Type5）上传数据

1. 上传单个数据点

EDP 协议还支持简单的分号间隔字符串格式。如图 3-16 所示，在数据流 temp 中，上传一个值为 24 的数据点，需要在“数据”文本框中内输入如下内容：

```
,;temp,24
```

该数据流格式以逗号起始，每个数据点都采用如下格式：分号+数据流名称+逗号+数据点的值。

单击“生成编码”按钮，再单击“发送到设备云”按钮，即可在云平台看到新增的数据点，如图 3-17 所示。值得注意的是，在输入的数据格式中，标点符号均应在英文输入法下输入，否则，系统会自动断开连接。

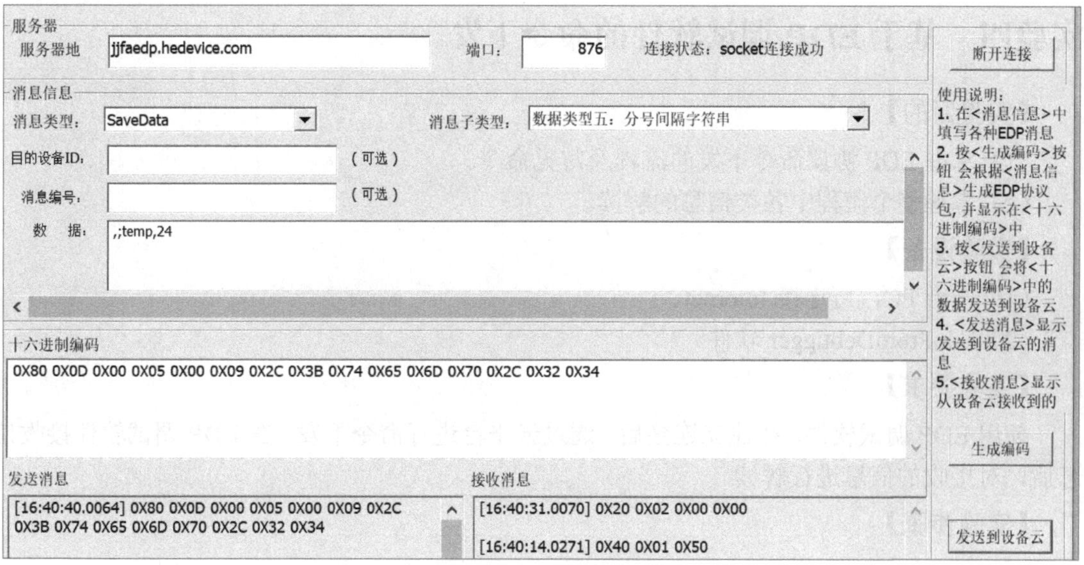

图 3-16　添加数据点

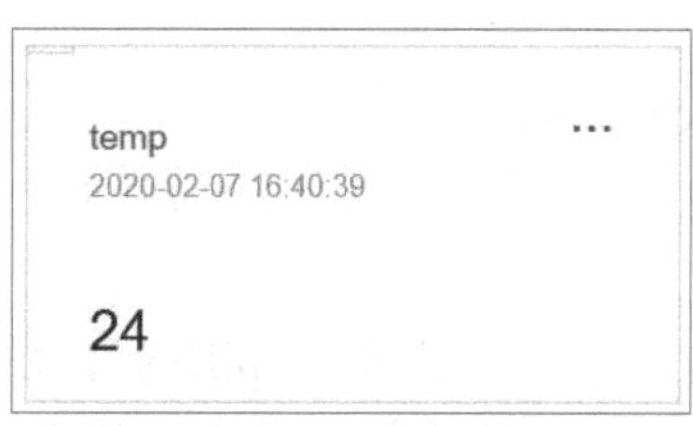

图 3-17　新增的数据点

2．上传多个数据点

当需要上传多个数据流的数据点时，输入如下内容：

```
,;temp,28;number,32
```

同样地，该数据流格式以逗号起始，每个数据点都采用如下格式：分号+数据流名称+逗号+数据点的值。

单击“生成编码”按钮，再单击“发送到设备云”按钮，即可在云平台看到新增的两个数据点，如图 3-18 所示。

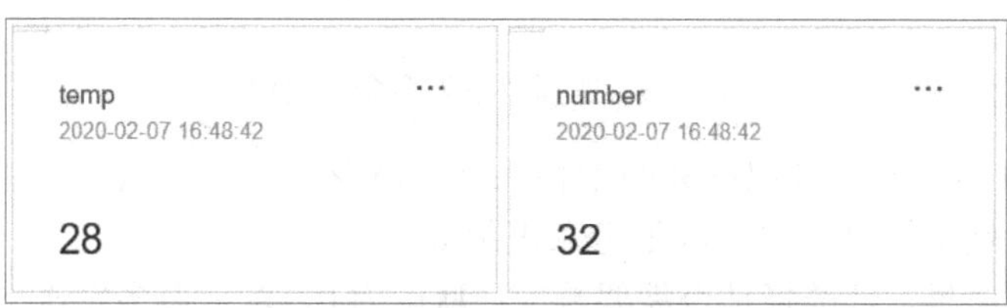

图 3-18 新增的两个数据点

实验四　基于 EDP 调试软件的命令下发

【实验目的】

（1）掌握 EDP 协议命令下发的流程及常见命令。

（2）掌握整个流程中各类信息的解读。

【实验设备】

（1）一台 PC，可连接 Internet。

（2）EdpProtoDebugger 软件。

【实验要求】

使用 EDP 调试软件，在建立连接后，通过云平台进行命令下发。在 EDP 调试软件接收信息后，对接收的信息进行解读。

【实验步骤】

一、建立连接

填写以下信息。

服务器地址：jjfaedp.hedevice.com。

端口：876。

消息类型：Connect。

消息子类型：采用“连接方式一：设备 ID+ApiKey”，填写相应信息，单击“生成编码”按钮，再单击“发送到设备云”按钮。查看连接状态，确保设备与云平台连接成功。

二、下发命令

（1）打开设备列表，在“更多操作”下拉列表中选择“下发命令”选项，如图 3-19 所示。

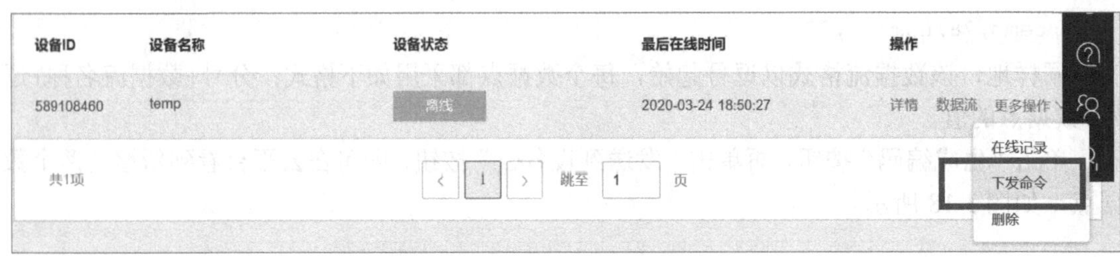

图 3-19　选择“下发命令”选项

（2）如图 3-20 所示，在弹出的界面中输入下发命令的有关参数。

发送内容可以是字符串，也可以是十六进制数。

QoS 表示服务质量，可选择是否需要响应：默认为 0，表示最多发送一次，不关心设备是否响应；在设置为 1 时，表示至少发送一次，如果设备在收到命令后没有应答，则在下一次设备登录时，只要命令在有效期内，就会重发该命令。从服务器端下发 EDP 命令至设备端，设备端会通过解析下发命令的具体内容来控制设备执行相应操作，服务器端在发送命令时会对该命令产生一个唯一的 cmd_id，并产生一个该命令所对应的执行状态；设备在收到命令之后，若发送 EDP 命令应答，服务器端的执行状态会变为执行成功，若设备不发送应答，服务器端的执行状态会被置为执行超时。也就是说，若设备不发送应答，则只会影响服务器端所保存的命令执行状态，并不会影响命令下发的过程。

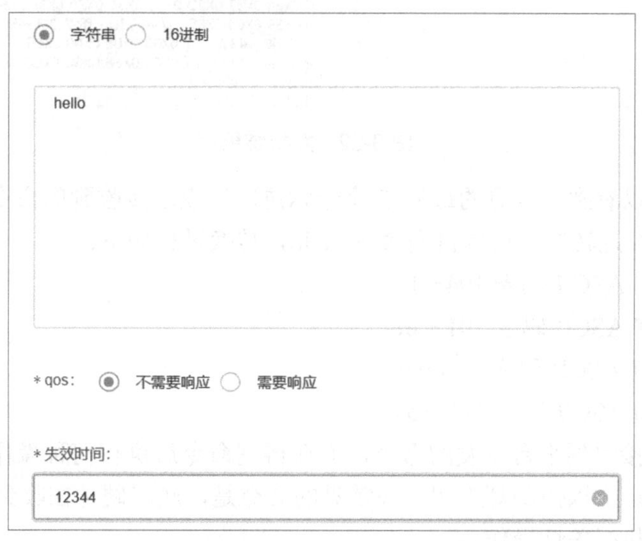

图 3-20　输入下发命令的有关参数

另外，必须填写命令失效时间，并且只能填写数字，单位为秒，最大为 2678400。当失效时间为 0 时，表示在线命令，若设备在线，则下发给设备；若设备离线，则直接丢弃。当失效时间>0 时，表示离线命令，若设备在线，则下发给设备；若设备离线，则在当前时间加失效时间内为有效期，只要设备在有效期内上线，就下发给设备。

三、EDP 调试软件接收及解析信息

1．接收信息

在调试工具在线时，会自动接收平台下发的命令，并在“接收消息”列表框内显示。在 OneNET 平台发送 hello 后，模拟器会接收到如图 3-21 所示的信息。

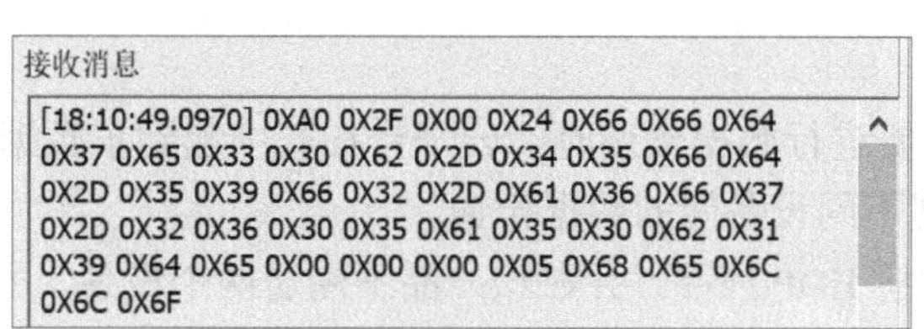

图 3-21　接收到的信息

2．解析接收到的信息

将接收到的信息复制到翻译器中。在翻译器中输入接收到的十六进制数，得到如图 3-22 所示的解析结果。

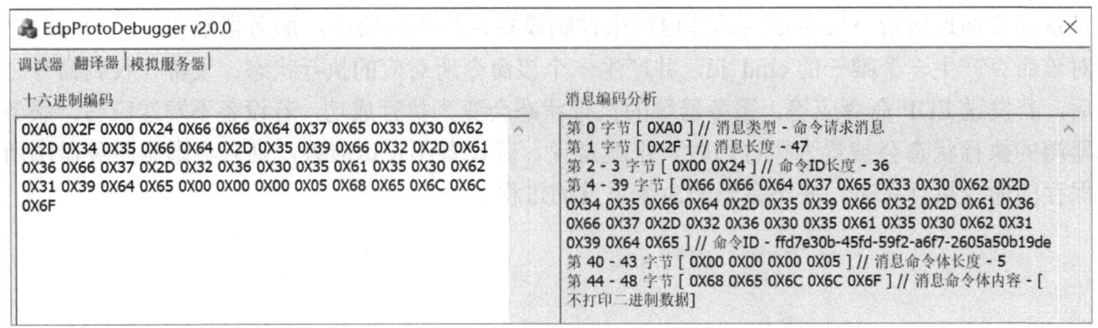

图 3-22 解析结果

从解析结果可以看到，信息的最后 5 个十六进制数表示接收到的命令内容，格式为十六进制、ASCII 码。经过转换，可以得到命令 hello，转换过程如下：

0x68=104 查询 ASCII 码表 104→h；

0x65=101 查询 ASCII 码表 101→e；

0x6C=108 查询 ASCII 码表 108→l；

0x6F=111 查询 ASCII 码表 111→o。

这表明已成功接收到平台下发的命令，而在得到命令后执行何种操作，则需要通过底层硬件和平台进行约定。以控制灯为例，最常见的命令是，底层硬件在收到 1 后，执行开灯操作；在收到 0 后，执行关灯操作。

实验五 基于 EDP 调试软件的点对点通信

【实验目的】

（1）掌握不同设备信息传递的流程。

（2）掌握不同设备信息传递的调试方法。

【实验设备】

（1）一台 PC，可连接 Internet。

（2）EdpProtoDebugger 软件。

【实验要求】

当多个设备之间需要进行数据传递时，云平台在其中起到了数据中转的作用。本实验采用 PushData 命令，实现不同设备间的数据传输。

在 OneNET 平台注册 EDP 产品，并在该产品下注册两个设备，如温度计和显示器，温度计用于采集温度数据并上传至平台，再由平台向显示器下发数据。然后创建数据流。采用 EDP 调试软件模拟温度计进行数据上传，从 OneNET 平台将数据转发至显示器。整个实验过程如图 3-23 所示。

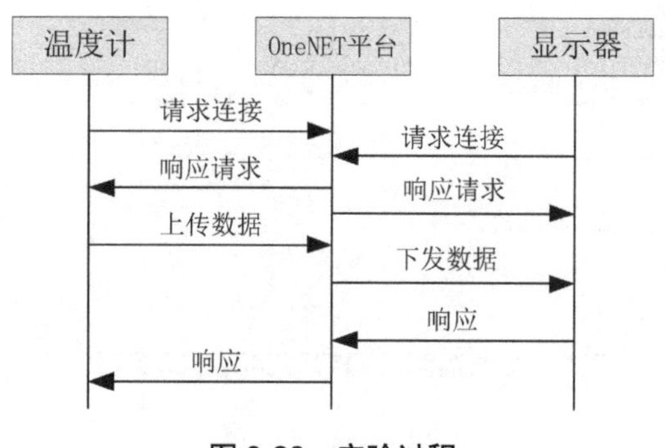

图 3-23　实验过程

【实验步骤】

一、新建 EDP 产品

（1）登录 OneNET 平台，进入控制台，在“全部产品”中，选择“多协议接入”。

（2）采用 EDP 协议创建产品，并填写相关信息。需要填写产品名称、产品行业、产品类别、联网方式、设备接入协议、操作系统、网络运营商等一系列信息。

二、新建两个 EDP 设备

选择“设备列表”标签，在出现的界面中添加设备。单击“添加设备”按钮，填写设备名称和鉴权信息。重复上述步骤，再添加一个设备。其中，可以将设备名称分别设为温度计和显示器。鉴权信息作为设备登录参数之一参与设备登录鉴权。在一个产品系列下，鉴权信息不能重复，因此推荐使用实际设备的 SN 号、IMEI 号等唯一标识作为设备编号。

单击“添加”按钮，完成设备创建，并且创建的两个设备处于离线状态，如图 3-24 所示。

设备ID	设备名称	设备状态	最后在线时间
584931859	显示器	离线	2020-02-17 11:10:08
578798121	温度计	离线	2020-02-17 11:10:05

图 3-24　设备创建结果

三、采用 EDP 调试工具进行调试

1．打开两个 EDP 调试工具界面

2．连接

分别在两个调试界面中填写如图 3-25 所示的信息。

服务器地址：jjfaedp.hedevice.com。

端口：876。

消息类型：Connect。

消息子类型：采用“连接方式一：设备 ID+ApiKey”，其中设备 ID 为新建设备的 ID。APIkey 可在“产品概况”中查看。由于本实验中的两个设备是在同一产品中进行创建的，因此两个设备的 APIkey 是相同的。

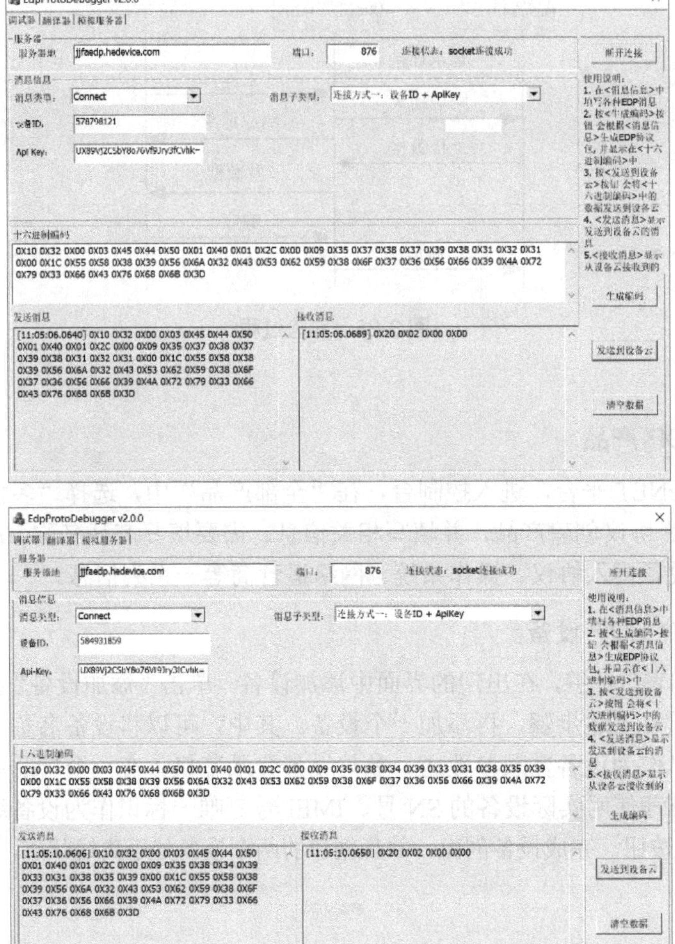

图 3-25　两个设备对应的调试界面

在所有信息填写完毕后，单击“生成编码”按钮，再单击“发送到设备云”按钮。在连接完成后，“连接状态”会显示“socket 连接成功”。

打开 OneNET 平台，可以看到创建的两个 EDP 设备处于在线状态，如图 3-26 所示。

设备ID	设备名称	设备状态	最后在线时间
584931859	显示器	在线	2020-02-17 11:05:08
578798121	温度计	在线	2020-02-17 11:05:04

图 3-26　设备状态

如果在 5 分钟之内没有发送与接收数据，云端服务器就会自动断开连接，连接状态会变为“断开连接-服务器主动断开”。

3．设备间数据转发——发送设备

在建立连接后，可以进行设备间数据转发。如图 3-27 所示，在发送设备（温度计）的调试界面中，设置“消息类型”为 PushData，表示向目标设备（显示器）推送数据，可以输入目标设备的 ID 以进行定向推送。在本实验中，我们在“目的设备 ID”文本框中输入目标设备的设备 ID，并在“数据/路径”文本框中任意填写发送数据。

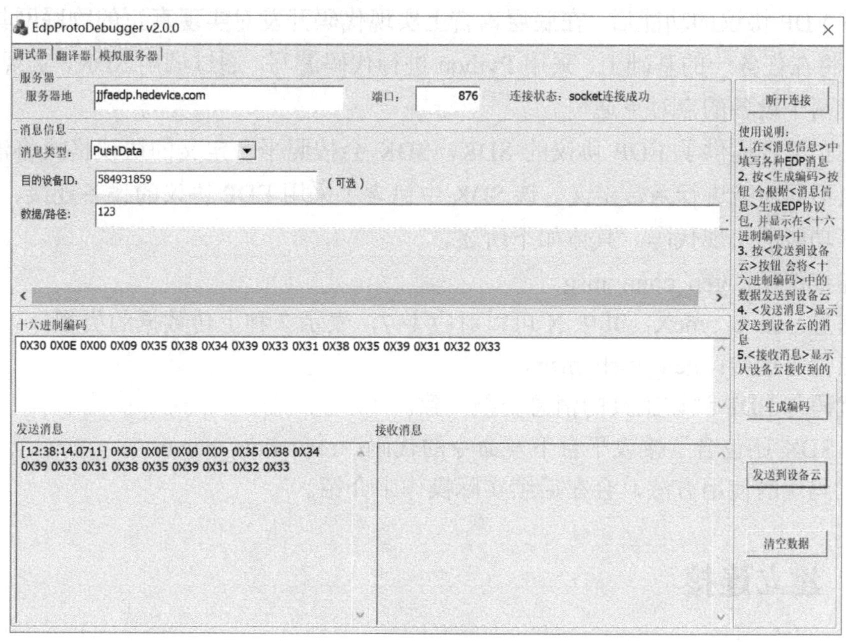

图 3-27 发送设备的调试界面

在填写完毕后，在发送设备端单击“生成编码”按钮，再单击“发送到设备云”按钮。

4．设备间数据转发——目标设备

当发送设备将数据发送到设备云后，云平台会将数据推送至目标设备。查看目标设备的调试界面，接收到如下信息：

```
[12:38:14.0753] 0X30 0X0E 0X00 0X09 0X35 0X37 0X38 0X37 0X39 0X38 0X31 0X32
0X31 0X31 0X32 0X33
```

将信息复制到翻译器中，得到如图 3-28 所示的解析结果。

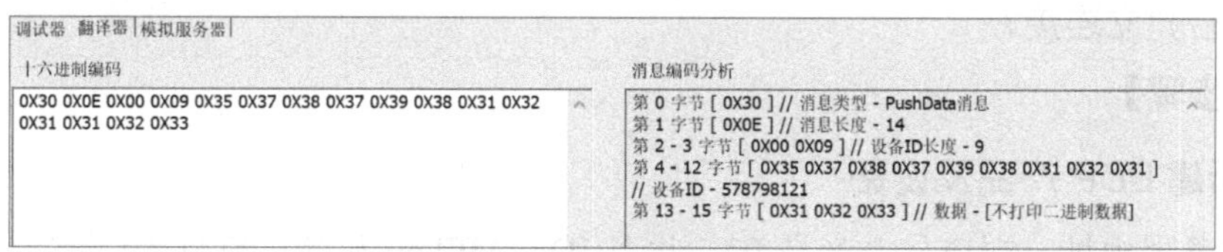

图 3-28 解析结果

从解析结果可以看到，信息的最后 3 个字节表示接收到的命令内容。经过转换，得到数据 123，表明发送设备发送的信息已经通过云平台转发到目标设备中。

任务二 通过 Python 实现 EDP 协议

在了解 EDP 协议的功能后，在底层语言上实现代码开发对实现真正的物联网具有重要意义。本任务将在任务一的基础上，采用 Python 进行代码编写，通过调用 SDK，实现数据上传、命令下发及两个设备的点对点通信。

OneNET 平台提供了 EDP 协议的 SDK。SDK 会按照平台定义的协议格式将消息进行组包，并按照不同功能进行函数定义。该 SDK 中包含了采用 EDP 协议的设备连接、数据上传、命令下发等功能的实现代码。具体如下所述。

生成连接信息：gen_conn_msg。

上传信息：save_typeX，其中 X 可以对应 1~7，表示 7 种上传数据的类型。

点对点信息透传：gen_push_msg。

上述代码与 EDP 调试工具的消息类型一致。

同时，SDK 还包含了接收平台下发命令的代码：recv_data_parser。

具体代码块的使用方法，会在后续实际操作中介绍。

实验一 建立连接

【实验目的】

（1）掌握 SDK 的调用方法。

（2）掌握采用 Python 与云平台建立连接的方法。

（3）掌握 EDP 协议建立连接的协议定义。

【实验设备】

一台 PC，可连接 Internet。

【实验要求】

在 OneNET 平台注册 EDP 产品，并在该产品下注册设备，创建数据流。采用 Python 与 OneNET 平台建立连接。

【实验步骤】

一、新建 EDP 产品及设备

记录服务器地址、端口号、产品 ID、设备 ID、APIkey 和鉴权信息等信息。

二、调用 SDK

将 SDK 文件放入新建的 Python 项目内，与 Python 文件在同一个文件夹内。调用如下命令，实现 SDK 的调用，SDK 名为 edp_sdk：

```
from edp_sdk import *
```

在调用 SDK 后，已经加载了 SDK 中调用的 json、socket、requests、time、struct、sys 等库文件，不需要重复调用。

三、建立连接

1．初始化

初始化参数包括服务器地址、端口号、产品 ID、设备 ID、APIkey 和鉴权信息。

2．建立连接

EDP 协议是基于 TCP 协议的，建立连接的方式与 HTTP 协议类似，通过 Socket 接口实现应用层和传输层的交互。

Python 提供了方便的 Socket 连接建立方式，通过调用 socket 库文件，可以实现 Socket 连接。在 OneNET 提供的 SDK 包内，已经加载了 socket 库文件，在程序中调用 edp_sdk 可直接将库文件一起加载完成。

Socket 连接所需参数包含连接使用的协议，本地主机的 IP 地址，本地进程的协议端口，远程主机的 IP 地址，远程进程的协议端口 5 个信息。

调用 socket.socket()函数创建连接，设置网络层、传输层协议。示例如下：

```
s = socket.socket(socket.AF_INET, socket.SOCK_STREAM)
```

其中，参数 socket.AF_INET 表示与服务器进行网络通信采用 IPv4 协议，如果该参数使用 socket.AF_INET6，则表示采用 IPv6 协议。socket.SOCK_STREAM 表示建立的连接为 TCP 连接，如果该参数使用 socket.SOCK_DGRAM，则表示建立的连接为 UDP 连接。

在创建 Socket 连接后，调用如下语句可以与目标服务器建立连接，参数为远程服务器的 IP 地址和端口号：

```
s.connect((host, port))
```

3．发送登录报文

首先，调用 gen_conn_msg()函数生成登录报文，登录报文包含产品 ID、鉴权信息。该函数功能与 EDP 调试工具中的根据填写信息生成登录编码的功能一致。示例如下：

```
conn_msg = gen_conn_msg(pid=product_id, auth_info=auth_info)
```

在 SDK 中，上述函数的具体实现代码是根据平台制定的 EDP 协议规则进行定义的。在 EDP 协议中，平台提供了两种登录认证方式：一种是“设备 ID+APIkey”，另一种是“产品 ID+AuthInfo”。以产品 ID 为 100，AuthInfo 为 m10 为例，将这两项参数作为登录平台的鉴权信息，EDP 协议规定了如表 3-1 所示的登录平台的连接请求消息格式。

表 3-1　登录平台的连接请求消息格式（产品 ID+AuthInfo）

字　节	说明\bit	7	6	5	4	3	2	1	0
消　息　头									
Byte 1	第一字节： Bit（4~7）：消息类型，值为 1 Bit（0~3）：保留位，值为 0	0	0	0	1	0	0	0	0

续表

字　节	说明\bit	7	6	5	4	3	2	1	0
变长剩余消息长度									
Byte 2	第二字节： 消息剩余字节长度，值为 30	0	0	0	1	1	1	1	0
选项 1：协议描述（字符串格式）									
Byte 3	长度高位字节，值为 0	0	0	0	0	0	0	0	0
Byte 4	长度低位字节，值为 3	0	0	0	0	0	0	1	1
Byte 5	字母'E'	0	1	0	0	0	1	0	1
Byte 6	字母'D'	0	1	0	0	0	1	0	0
Byte 7	字母'P'	0	1	0	1	0	0	0	0
选项 2：协议版本									
Byte 8	一个字节表示，值为 1	0	0	0	0	0	0	0	1
选项 3：连接标志									
Byte 9	Bit（7）：产品 ID 标志位，值为 1，表示后面消息体有该项 Bit（6）：鉴权信息标志位，值为 1，表示后面消息体有该项 Bit（0~5）：系统保留位，填 0	1	1	0	0	0	0	0	0
选项 4：保持连接时间（256 秒=0x0100）									
Byte 10	第一字节，时间值的高位字节，值为 1	0	0	0	0	0	0	0	1
Byte 11	第二字节，时间值的低位字节，值为 0	0	0	0	0	0	0	0	0
消息体-设备 ID（字符串格式）									
Byte 12	长度高位字节，值为 0	0	0	0	0	0	0	0	0
Byte 13	长度低位字节，值为 0	0	0	0	0	0	0	0	0
消息体-产品 ID（字符串格式）									
Byte 14	长度高位字节，值为 0	0	0	0	0	0	0	0	0
Byte 15	长度低位字节，值为 3	0	0	0	0	0	0	1	1
Byte 16	字符'1'	0	0	1	1	0	0	0	1
Byte 17	字符'0'	0	0	1	1	0	0	0	0
Byte 18	字符'0'	0	0	1	1	0	0	0	0
消息体-鉴权信息（字符串格式）									
Byte 19	长度高位字节，值为 0	0	0	0	0	0	0	0	0
Byte 20	长度低位字节，值为 3	0	0	0	0	0	0	1	1
Byte 21	字符'm'	0	1	1	0	1	1	0	1
Byte 22	字符'1'	0	0	1	1	0	0	0	1
Byte 23	字符'0'	0	0	1	1	0	0	0	0

按照上述协议规则，gen_conn_msg()函数定义如下：

```
def gen_conn_msg(pid=None, auth_info=None):
    msg_type = b'\x10'                # b1 鉴权连接固定包头 0x10
    proto_desc = b'\x00\x03EDP'       # b3_7 协议描述长度，以及协议描述
    proto_ver = b'\x01'               # b8 协议版本号 1
    keepalive = struct.pack('!H', 300)    # 保活时间
```

```
    if pid and auth_info:
        conn_flag = b'\xc0'                    # 连接标志 1100 0000
        pid_len = struct.pack('!H', len(pid))
        pid = pid.encode('utf-8')
        auth_info_len = struct.pack('!H', len(auth_info))
        auth_info = auth_info.encode('utf-8')
        device = b'\x00\x00'                   # 设备 ID

        auth = pid_len + pid + auth_info_len + auth_info
    else:
        print('CONN_REQ: params error, request params are not given!')
        raise Exception

    rest = proto_desc + proto_ver + conn_flag + keepalive + device + auth
    body_len = bytes([len(rest)])

    conn_msg = msg_type + body_len + rest
    return conn_msg
```

当输入参数为产品 ID 和鉴权信息时，根据上述 gen_conn_msg()函数即可按照表 3-1 规定的协议要求生成满足 EDP 协议的登录报文。

b'\x10\x1b\x00\x03EDP\x01\xc0\x01\x00\x00\x00\x06307523\x00\x06122222'

\x10 表示消息头。

\x1b 表示消息剩余字节长度。

\x00\x03EDP 描述协议。

\x01 表示协议版本

\xc0 表示连接标志。

\x01 表示保活时长。

\x00\x00 表示设备 ID，由于采用产品 ID+AuthInfo 进行鉴权，设备 ID 设为 0。

\x00\x06 表示产品 ID 长度，307523 表示产品 ID。

\x00\x06 表示 AuthInfo 长度，122222 表示 AuthInfo。

然后，通过如下函数发送上述登录报文，实现与调试工具中的“发送到设备云”按钮一致的功能：

```
s.send(conn_msg)
```

四、接收响应结果

通过如下函数，接收响应结果，实现与调试工具中的接收响应信息一致的功能：

```
resp = s.recv(1024)
```

同时，通过如下函数，显示响应信息：

```
print('设备注册结果:', resp)
```

当接收结果为b'\x02\x00\x00'时，表示登录成功。其中，b为标识符。后3个十六进制数与调试工具成功建立连接的响应结果一致。

五、参考代码

调用SDK实现EDP协议与云平台建立连接，参考代码如下：

```
#调用 SDK
from edp_sdk import *
#主程序
if __name__ == '__main__':
    # 以下设备和产品信息，请自行补全
    api_key = 'XXXXXXXXXXX'      # 设备 APIkey
    product_id = 'XXXXX'         # 产品 ID
    device_id = 'XXXXX'          # 设备 ID
    auth_info = 'XXXXX'          # 鉴权信息
    host = 'jjfaedp.hedevice.com'
    port = 876
    #创建 Socket 连接
    s = socket.socket(socket.AF_INET, socket.SOCK_STREAM)
    #建立连接
    s.connect((host, port))
    # 生成并发送登录报文
    conn_msg = gen_conn_msg(pid=product_id, auth_info=auth_info)
    print(conn_msg)
    s.send(conn_msg)
    #接收响应并打印
    resp = s.recv(1024)
    print('设备注册结果:', resp)
```

上述代码的运行结果如下：

```
b'\x10\x1b\x00\x03EDP\x01\xc0\x01,\x00\x00\x00\x06307523\x00\x06123456'
设备注册结果: b' \x02\x00\x00'
```

第一条信息表示连接报文，第二条信息表示设备登录的结果。

在不调用SDK的情况下，根据EDP协议规则，采用自定义函数的方式实现设备连接，参考代码如下：

```
import json
import socket
import struct

def gen_conn_msg(pid=None, auth_info=None):
    msg_type = b'\x10'                       # b1 鉴权连接固定包头 0x10
    proto_desc = b'\x00\x03EDP'              # b3_7 协议描述长度，以及协议描述
    proto_ver = b'\x01'                      # b8 协议版本号 1
    keepalive = struct.pack('!H', 300)       # 保活时间
    if pid and auth_info:
```

```
        conn_flag = b'\xc0'                   # 连接标志 1100 0000
        pid_len = struct.pack('!H', len(pid))
        pid = pid.encode('utf-8')
        auth_info_len = struct.pack('!H', len(auth_info))
        auth_info = auth_info.encode('utf-8')
        device = b'\x00\x00'                 # 设备 ID

        auth = pid_len + pid + auth_info_len + auth_info
    else:
        print('CONN_REQ: params error, request params are not given!')
        raise Exception

    rest = proto_desc + proto_ver + conn_flag + keepalive + device + auth
    body_len = bytes([len(rest)])

    conn_msg = msg_type + body_len + rest
    return conn_msg

if __name__ == '__main__':
    # 以下设备和产品信息，请自行补全
    api_key = 'UX89Vj2CSbY8o76Vf9Jry3fCvhk='   # 设备 APIkey
    product_id = '307523'                      # 产品 ID
    device_id = '578798121'                    # 设备 ID
    auth_info = '123456'                       # 鉴权信息

    host = 'jjfaedp.hedevice.com'
    port = 876

    s = socket.socket(socket.AF_INET, socket.SOCK_STREAM)
    s.connect((host, port))

    # 发送登录报文，并接收响应
    conn_msg = gen_conn_msg(pid=product_id, auth_info=auth_info)
    print(conn_msg)
    s.send(conn_msg)
    resp = s.recv(1024)
    print('设备注册结果:', resp)
```

运行结果与调用 SDK 的运行结果一致。

实验二　数据上传

【实验目的】

（1）掌握 SDK 调用方法。

（2）掌握基于 Python 的 EDP 协议数据上传方法。

（3）掌握 EDP 协议上传数据的协议定义。

【实验设备】

（1）一台 PC，可连接 Internet。

【实验要求】

采用 Python 与 OneNET 平台建立连接，并采用不同数据格式，利用 EDP 协议将数据上传至云平台。

【实验步骤】

一、新建 EDP 产品及设备

记录服务器地址、端口号、产品 ID、设备 ID、APIkey 和鉴权信息等信息。

二、建立连接（同实验一）

三、采用数据格式 Type1 实现数据上传

1．构建数据流

以上传数据点至数据流 temp 为例，数据点的值为 36.5，构建如下字典类型，并转成 JSON 数据流：

```
dict={
  "datastreams":[
            {
                "id":"temp",
                    "datapoints":[
                                {
                                 "value": 36.5
                                 }
                              ]
             }
      ]
}
dt=json.dumps(dict)
```

2．数据上传

调用 save_typeX()函数实现根据 EDP 协议上传数据组包，其中，X 取值范围为 1~7，属于不同的数据类型。该函数在 SDK 中进行定义，函数的定义方式与上一节中建立连接类似。以数据格式 Type1 为例，EDP 协议规定了如表 3-2 所示的请求消息格式。

表 3-2　EDP 协议规定的请求消息格式

字　节	说明\bit
消 息 头	
Byte 1	第一字节： Bit（4~7）：消息类型，值为 8 Bit（0~3）：保留位，值为 0

续表

字　节	说明\bit
消息长度	
Byte 2	消息剩余字节长度—编码第一字节（低）
Byte 3	消息剩余字节长度—编码第二字节
Byte 4	消息剩余字节长度—编码第三字节（高）
标志	
Byte 5	Bit 7：转发地址指示位，置 1，后面有地址信息，置 0，则无目标地址 Bit 6：消息编号指示位，置 1，后面有 2 字节消息编号 Bit（0~5）：系统保留，全零
目的或源地址（根据上面的标志位确定存在与否，以发送至 ID 10011 为例）	
Byte 6	固定两字节长度高位字节，值为 0
Byte 7	固定两字节长度低位字节，值为 5
Byte 8	字符'1'
Byte 9	字母'0'
Byte 10	字母'0'
Byte 11	字母'1'
Byte 12	字母'1'
消息编号（根据上面的标志位确定存在与否）	
Byte 13	消息编号高位字节
Byte 14	消息编号低位字节
消息体	
Byte 15	数据点类型值：1　　　　　//1：　JSON 格式 1
Byte 16	//指示后面 JSON 字符串长度 固定两字节长度高位字节
Byte 17	固定两字节长度低位字节

Byte 18
……
Byte *n*
	{
	"datastreams":[　　　　　// 可以同时传递多个数据流
	{
	"id":"temperature",
	"datapoints":[
	{
	"value": 36.5　//用户自定义
	}
	]
	}

save_type1()函数定义如下：

```
def save_type1(data, msg_id, dev_id=None):
    data_type = b'\x01'                          #数据点类型
    if type(data) == json:
        data = json.dumps(data)
```

```
    data = data.encode('utf-8')
    data_len = struct.pack('!H', len(data)) #JSON数据流长度

    body = data_type + data_len + data         #消息体

    msg_type = b'\x80'                         #固定消息头 0X80
msg_flag = bytes([int('01000000', 2)])         #标志，后有两字节消息编号
    device = b''
    msg_id = struct.pack('!H', msg_id)         #消息编号
    rest_head = msg_flag + device + msg_id
    rest = rest_head + body
    rest_len = _message_len(len(rest))         #消息长度

    msg = msg_type + rest_len + rest
    return msg

def _message_len(i):                           #计算消息长度
    res = []
    while i > 0:
        temp = i % 128
        i = i // 128

        if i > 0:
            res.append(temp + 128)
        elif i == 0:
            res.append(temp)
    return bytes(res)
```

上述函数定义实现按照EDP协议中定义的云平台保存数据类型一的格式要求进行组包。通过调用定义的save_type1()函数实现与调试工具的数据格式Type1相同的功能：

```
t1_data = save_type1(dt, 1)    #参数为JSON数据流、msg_id
```

以步骤一的数据流为例，可以生成如下上报数据点报文：

b'\x80H@\x00\x01\x01\x00B{"datastreams": [{"id": "temp", "datapoints": [{"value": 36.5}]}]}'

\x80 表示消息头。

H 表示消息长度。

@表示标志，后有两字节消息编号。

\x00\x01 表示消息编号。

\x01 表示数据点类型。

\x00B 表示 JSON 数据流长度。

最后为数据流。

再调用如下函数将上述报文进行上传：

```
s.send(t1_data)
```

3．接收反馈

调用如下函数接收反馈：

```
resp = s.recv(1024)
```

当数据上传成功后，接收到的反馈信息如下：

```
b'\x90\x04@\x00\x01\x00'
```

最后一个字节表示连接状态，0 表示连接成功。

四、参考代码

使用 EDP 协议实现数据格式为 Typel 的数据上传，代码如下：

```
#调用 SDK
from edp_sdk import *
#主程序
if __name__ == '__main__':
    # 以下设备和产品信息，请自行补全
    api_key = 'XXXXXXXXXXX'      # 设备 APIkey
    product_id = 'XXXXX'         # 产品 ID
    device_id = 'XXXXX'          # 设备 ID
    auth_info = 'XXXXX'          # 鉴权信息
    host = 'jjfaedp.hedevice.com'
    port = 876
    #创建 Socket 连接
    s = socket.socket(socket.AF_INET, socket.SOCK_STREAM)
    #建立连接
    s.connect((host, port))
    # 生成并发送登录报文
    conn_msg = gen_conn_msg(pid=product_id, auth_info=auth_info)
    print(conn_msg)
    s.send(conn_msg)
    #接收响应并打印
    resp = s.recv(1024)
    print('设备注册结果:', resp)
    # 构建 JSON 数据流
    dict={
          "datastreams":[
                 {
                   "id": "temp",
                    "datapoints":[
                                  {
                                   "value": 36.5
                                   }
                                ]
                 }
          ]
    }
```

```
    dt=json.dumps(dict)
    # 数据组包并上传
    t1_data = save_type1(dt, 1)
    s.send(t1_data)
    print('t1_data', t1_data)
    # 接收反馈信息
    resp = s.recv(1024)
    print('recv', resp)
```

上述代码的运行结果如下：

```
b'\x10\x1b\x00\x03EDP\x01\xc0\x01,\x00\x00\x00\x06307523\x00\x06123456'
设备注册结果：b' \x02\x00\x00'
t1_data b'\x80G@\x00\x01\x01\x00A{"datastreams": [{"id": "temp", "datapoints": [{"value": 36.5}]}]}'
recv b'\x90\x04@\x00\x01\x00
```

第一条信息表示连接报文，第二条信息表示设备登录的结果，第三条信息表示上传的数据流，第四条信息表示数据上传后收到的反馈信息。

同样地，可以根据 EDP 协议规则，通过自定义函数实现与调用 SDK 相同的实验结果。

五、采用其他数据格式实现数据上传

采用其他格式上传数据，主要差异在于数据流的构建及 SDK 调用中不同的数据组包函数，组包规则与 Type1 类似，根据 EDP 协议定义的组包规则进行组包。以 Type3 和 Type5 为例，介绍不同数据格式的上传实现方式。

1．数据格式 Type3——JSON 格式

以上传数据点至数据流 type3 为例，数据点的值为 33，构建数据流、上传数据、接收反馈信息的参考代码如下：

```
# 构建 JSON 数据流
data = {'type3': 33}
# 调用 SDK 函数进行组包
t3_data = save_type3(json.dumps(data), 1)
# 上传数据
s.send(t3_data)
print('send t3_data:', t3_data)
# 接收反馈信息
resp = s.recv(1024)
print('recv:', resp.hex(), resp[-1])
```

2．数据格式 Type5——分号间隔字符串

以上传数据点至数据流 Type5 为例，数据点的值为 22.5，构建数据流、上传数据、接收反馈信息的参考代码如下：

```
    # 构建字符串
    data = '#@type5#22.5'
    # 调用 SDK 函数进行组包
    t5_data = save_type5(data, 1)
```

```
        print(t5_data)
        # 上传数据
        s.send(t5_data)
        # 接收反馈信息
        resp = s.recv(1024)
        print('recv:', resp)
```

该代码与调试工具略有不同，采用#和@替代了,和;作为分隔符，@作为域间分隔符，#作为域中分隔符。

六、实现数据定时上传

上述代码仅实现了单次数据上传。作为物联网产品，经常需要定时上传数据，可以通过增加循环、设置定时来实现数据定时上传，以数据格式 Type3 为例，参考代码如下：

```
    #循环
    while True:
        data = {'type3': 33}
        t3_data = save_type3(json.dumps(data), 1)
        # 上传数据流
        s.send(t3_data)
        print('send t3_data:', t3_data)
        # 接收反馈信息
        resp = s.recv(1024)
        print('recv:', resp.hex(), resp[-1])
        #定时
        time.sleep(10)
```

实验三　命令下发

【实验目的】

（1）掌握 SDK 的调用方法。

（2）掌握基于 Python 的云平台命令接收及解析。

【实验设备】

一台 PC，可连接 Internet。

【实验要求】

使用 Python 软件，在建立连接后，通过云平台进行命令下发。在 Python 软件接收信息后，对接收的信息进行解读。

【实验步骤】

一、建立连接（同实验一）

二、通过 OneNET 平台下发命令

登录 OneNET 平台，在建立连接的 EDP 设备列表中，找到已建立连接的设备，选择“更

多操作”→“下发命令”选项。以下发字符串 1 为例，填写如图 3-29 所示的信息，在填写时应注意失效时间的计算方法，最大值不超过 2678400。

图 3-29　下发字符串 1

三、接收 OneNET 平台命令并解析

1．接收命令

在平台命令下发完毕后，程序通过调用以下函数，实现命令的接收：

```
recv_data = s.recv(1024)
```

2．命令解析

由于接收到的命令比较复杂，EDP 协议规定了不同协议的消息头。在 SDK 中定义的 recv_data_parser()函数可以对接收到的信息进行初步解析，通过对比接收到的信息的消息头与协议定义的消息头来判别不同类型的消息，再根据消息进行下一步解析。函数定义如下：

```
def recv_data_parser(recv_data):
    # TODO
    if not recv_data:         #未收到消息
        sys.exit()

    elif recv_data[0] == 0x90:
        #消息头为 90，save_data 确认消息
        msg_id = struct.unpack('!H', recv_data[3:5])[0]
        if recv_data[-1] == 0:
            res = True
        else:
            res = False
        return msg_id, res

    elif recv_data[0] == 0x20:
        # 消息头为 20，连接确认消息
```

```
        pass

    elif recv_data[0] == 0xA0:
        # 消息头为 A0，命令消息
        body_len, length_len = calc_body_len(recv_data)
        mark = length_len + 1
    cmdid_len = recv_data[mark:mark+2]
        mark += 2
        cmdid_len = struct.unpack('!H', cmdid_len)[0]
        cmd_id = recv_data[mark:mark+cmdid_len]
        mark += cmdid_len
        cmdbody_len = recv_data[mark:mark+4]
        mark += 4
        cmd_body = recv_data[mark:]
        return cmd_id, cmd_body

    elif recv_data[0] == 0xD0:
        # 消息头为 D0，心跳响应
        pass

    elif recv_data[0] == 0x40:
        # 消息头为 40，错误
        return False, False

# 计算消息体长度
def calc_body_len(r_msg):
    res = []
    for x in range(4):
        if r_msg[x+1] > 128:
            res.append(r_msg[x+1] - 128)
        else:
            res.append(r_msg[x+1])
            break
        if x == 3 and r_msg[x+1] > 128:
            print('Error: Wrong body length! ')
            return

    body_len = 0
    for x in range(len(res)):
        body_len += res[x] * 128**x
    return body_len, len(res)
```

上述函数实现了对接收到的命令的初步解析。在主函数中，通过调用如下函数实现云平台下发命令的解析：

```
res = recv_data_parser(recv_data)
```

该函数的参数 recv_data 为接收到的命令，当消息头为 A0 时，消息为命令消息，返回值 res 包含两部分：cmd_id 和 cmd_body。其中 cmd_body 表示接收到的平台下发的命令，并在命令前增加标识符。例如，平台下发字符串 1，则 cmd_body 的值为 b'1'。cmd_id 表示每条命令的 ID，该 ID 唯一。

3. 自定义功能实现

在完成对接收到的命令的解析后，可以根据预先确定的规则实现自定义功能。例如，当接收到的命令为 1 时，打印 turn on；当接收到其他命令时，打印 turn off。实现上述功能，可通过以下代码实现：

```
if cmd_body==b'1':
     print('turn on')
else:
     print('turn off')
```

4. 向云平台发送反馈信息

在平台下发命令时，包含不同的 QoS，当命令的 QoS 级别要求响应时，底层代码在接收到云平台发送的信息后，需要向云平台发送反馈信息。每条命令均有唯一的 cmd_id，在反馈命令中，必须包含 cmd_id：

```
s.send(cmd_reply(cmd_id, 'command response'.encode()))
```

通过 API 访问 URL 地址 http://api.heclouds.com/cmds/cmd_uuid，查询命令状态，并打印查询命令的响应结果，代码如下：

```
check_cmd_resp(cmd_id, api_key)
```

四、参考代码

使用如下代码可以实现定时查询平台下发命令的功能，当接收到的命令为 1 时，打印 turn on；当接收到其他命令时，打印 turn off。

```
# coding: utf-8
from edp_sdk import *
if __name__ == '__main__':
    # 以下设备和产品信息，请自行补全
    api_key = 'XXXXXXXXXXX'        # 设备 APIkey
    product_id = 'XXXXX'           # 产品 ID
    device_id = 'XXXXX'            # 设备 ID
    auth_info = 'XXXXX'            # 鉴权信息
    host = 'jjfaedp.hedevice.com'
    port = 876
    # 建立 Socket 连接
    s = socket.socket(socket.AF_INET, socket.SOCK_STREAM)
    s.connect((host, port))
    # 发送设备连接报文
    conn_msg = gen_conn_msg(pid=product_id, auth_info=auth_info)
    print(conn_msg)
    s.send(conn_msg)
```

```
    resp = s.recv(1024)
    print('设备注册结果:', resp)
    # 循环，定时接收命令
    while True:
    # 接收平台信息
        recv_data = s.recv(1024)
        print(recv_data)
    # 解析平台信息
        res = recv_data_parser(recv_data)
        if res:
            cmd_id, cmd_body = res
            print('cmd_id:  ', cmd_id)
            print('cmd_body:', cmd_body)
            # 当命令为 1 时，打印 turn on
            if cmd_body==b'1':
                print('turn on')
            # 其他命令，打印 turn off
            else:
                print('turn off')
            # 发送反馈
            s.send(cmd_reply(cmd_id, 'command response'.encode()))
            check_cmd_resp(cmd_id, api_key)
        # 定时
        time.sleep(10)
```

当下发命令为字符串 1 时，运行结果如下：

```
b'\xa0+\x00$2b462375-1775-5c32-a9d2-1609f2dd1f57\x00\x00\x00\x011'
cmd_id:   b'2b462375-1775-5c32-a9d2-1609f2dd1f57'
cmd_body: b'1'
b'1'
turn on
API 查询命令响应结果: command response
```

第一条信息表示连接报文，第二条信息表示 cmd_id，第三条信息和第四条信息表示命令主体，第五条信息表示该命令对应的功能，第六条信息表示响应结果。

实验四　点对点通信

【实验目的】

（1）掌握 SDK 的调用方法。

（2）掌握基于 Python 的点对点通信编程方法。

（3）掌握 EDP 协议数据透传的协议定义。

【实验设备】

一台 PC，可连接 Internet。

【实验要求】

在 OneNET 平台注册 EDP 产品，并在该产品下注册两个设备，采用 Python 软件编程来实现两个设备间的信息透传。

【实验步骤】

一、建立连接（同实验一）

二、数据透传

数据透传可以在一个设备内进行自发自收，也可以在两个设备间进行数据发送。但无论采用哪种形式，都需要包括数据发送和数据接收两部分。

1. 数据发送

数据发送过程包括两个步骤。首先，将需要发送的数据进行组包，组包过程根据如表 3-3 所示的 EDP 协议指定的组包规则进行。

表 3-3　EDP 协议指定的组包规则

字　节	说明\bit
消　息　头	
Byte 1	第一字节： Bit（4~7）：消息类型，值为 3 Bit（0~3）：保留位，值为 0
消息长度	
Byte 2	消息剩余字节长度—编码第一字节（低）
Byte 3	消息剩余字节长度—编码第二字节（高）
目的或源地址（字符串格式，以目标 ID 为 21573 为例）	
Byte 4	固定两字节长度高位字节，值为 0
Byte 5	固定两字节长度低位字节，值为 5
Byte 6	字符'2'
Byte 7	字母'1'
Byte 8	字母'5'
Byte 9	字母'7'
Byte 10	字母'3'
消息体	
Byte 11 ……	//最大支持 3MB 用户自定义的数据

根据上述协议要求，采用如下函数进行组包：

```
def gen_push_msg(target_device, msg):
    msg_type = b'\x30'                    #消息头
```

```
    if target_device:                           #如果设置目标设备
        dev_id_len = struct.pack('!H', len(target_device))
        dev_id = target_device.encode('utf-8')
        device = dev_id_len + dev_id            #目标地址
    else:
        device = b''

    if type(msg) == str:
        msg = msg.encode('utf-8')               #消息体
    elif type(msg) == bytes:
        pass
    else:
        print('PUSH_DATA: message unacceptable!')
        raise Exception

    rest = device + msg
    rest_len = _message_len(len(rest))
    return msg_type + rest_len + rest

def _message_len(i):                            #计算消息长度
    res = []
    while i > 0:
        temp = i % 128
        i = i // 128

        if i > 0:
            res.append(temp + 128)
        elif i == 0:
            res.append(temp)
    return bytes(res)
```

调用上述 gen_push_msg()函数将需要发送的数据进行组包，代码如下：

```
push_data = gen_push_msg(584931859, '123456789')
```

该函数表示向设备 ID 为 584931859 的设备推送 123456789 字符串。生成的数据透传报文如下：

b'0\x14\x00\t584931859123456789'

0 表示消息头。

\x14 表示消息长度。

\x00\t 表示目标 ID 长度。

最后为目标 ID 和消息体。

然后调用如下函数进行报文发送：

```
s.send(push_data)
```

2．数据接收

调用如下函数实现数据接收：

```
resp = s.recv(1024)
```

三、数据推送

数据推送一般在数据发送端进行，参考代码如下：

```
# coding: utf-8
from edp_sdk import *
if __name__ == '__main__':
    # 以下设备和产品信息，请自行补全
    api_key = 'XXXXXXXXXXX'         # 设备 APIkey
    product_id = 'XXXXX'            # 产品 ID
    device_id = 'XXXXX'             # 发送设备 ID
    target_id='XXXXX'               # 目标设备 ID
    auth_info = 'XXXXX'             # 发送设备的鉴权信息
    host = 'jjfaedp.hedevice.com'
    port = 876
    # 建立 Socket 连接
    s = socket.socket(socket.AF_INET, socket.SOCK_STREAM)
    s.connect((host, port))
    # 发送设备连接报文
    conn_msg = gen_conn_msg(pid=product_id, auth_info=auth_info)
    print(conn_msg)
    s.send(conn_msg)
    resp = s.recv(1024)
    print('设备注册结果:', resp)
    while True:
    # 对 push 的数据进行组包
        push_data = gen_push_msg(target_id, '123456789')
        print('PUSH DATA: ', push_data)
        s.send(push_data)
        #延时 5 秒
        time.sleep(5)
```

运行以上代码，得到如下运行结果：

```
b'\x10\x1b\x00\x03EDP\x01\xc0\x01,\x00\x00\x00\x06307523\x00\x06123456'
设备注册结果: b' \x02\x00\x00'
PUSH DATA:  b'0\x14\x00\t584931859123456789'
```

第一条信息表示连接报文，第二条信息表示设备登录结果，第三条信息表示生成的透传数据。在间隔 5 秒后，会再次收到与第三条信息相同的结果。

四、数据接收

数据接收一般在数据接收端进行，可以通过调试工具进行查看，也可以通过在目标设备上编程进行查看。

1．通过 EDP 调试工具进行查看

打开 EDP 调试软件，以接收端设备 ID 与云平台建立连接。

在“接收消息”列表框内，接收到如图 3-30 所示的信息，经过解析，接收到的信息为 123456789，与发送内容一致。

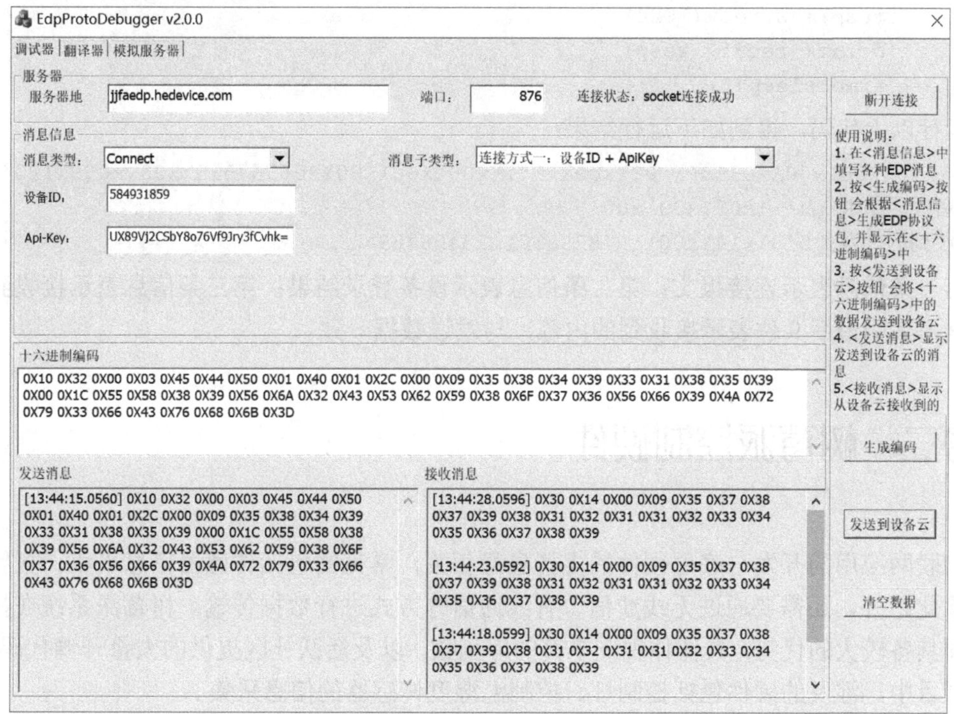

图 3-30　目标设备接收到的信息

2．程序代码

参考代码如下：

```
from edp_sdk import *
if __name__ == '__main__':
    # 以下设备和产品信息，请自行补全
    api_key = 'XXXXXXXXXXX'        # 设备 APIkey
    product_id = 'XXXXX'           # 产品 ID
    target_id='XXXXX'              # 目标设备 ID
    auth_info = 'XXXXX'            # 目标设备的鉴权信息
    host = 'jjfaedp.hedevice.com'
    port = 876
    #建立 Socket 连接
    s = socket.socket(socket.AF_INET, socket.SOCK_STREAM)
    s.connect((host, port))
    # 发送登录报文，并接收响应
    conn_msg = gen_conn_msg(pid=product_id, auth_info=auth_info)
    print(conn_msg)
```

```
    s.send(conn_msg)
    resp = s.recv(1024)
    print('设备注册结果:', resp)

    while True:
        resp = s.recv(1024)
        print('recv', resp)
        time.sleep(5)
```

运行以上代码，得到如下运行结果：

```
b'\x10\x1b\x00\x03EDP\x01\xc0\x01,\x00\x00\x00\x06307523\x00\x06SN1234'
设备注册结果：b' \x02\x00\x00'
接收到的内容：b'0\x14\x00\t578798121123456789'
```

第一条信息表示连接报文；第二条信息表示设备登录结果；第三条信息表示接收到的透传数据，其中最后 9 位表示接收到的内容，与发送数据一致。

任务三　树莓派控制硬件

物联网应用的开发与底层硬件的支持息息相关，常见的包括传感器信息采集、报警控制等。除此之外，还需要通过无线通信、有线通信等方式进行数据传输。树莓派系统在控制硬件方面具备较大的优势，具体体现在丰富的库函数，以及活跃社区提供的大量开源代码方面。在本项目中，涉及的硬件包括控制灯、控制温湿度传感器的信息采集。

实验一　树莓派控制点灯

【实验目的】

（1）掌握 RPi.GPIO 库。

（2）掌握 GPIO 口的配置方式及参数含义。

（3）掌握 GPIO 口的状态控制。

【实验设备】

（1）一台树莓派。

（2）一套显示器、键盘、鼠标。

（3）一个两脚 LED 灯、一个限流电阻、若干杜邦线。

【实验要求】

在硬件开发中，GPIO 口的输入/输出是非常常见的应用，可以实现蜂鸣器报警、点灯等功能。本实验在安装库文件的基础上，在程序内导入库文件，对 GPIO 口进行配置，介绍配置参数的含义，并对 GPIO 口进行操作。

【实验步骤】

一、硬件连线

如图 3-31 所示，对树莓派进行硬件连线。

图 3-31　树莓派的硬件连线

LED 灯的长脚为+、短脚为-，长脚直接连接树莓派 12 号引脚 GPIO18，短脚经过限流电阻连接 14 号引脚 Ground。

限流电阻的色环读取方式如图 3-32 所示。

色	标	代表数	第一环	第二环		第三环	% 第五环	字母
棕		1	1	1	1	10	±1	F
红		2	2	2	2	100	±2	G
橙		3	3	3	3	1K		
黄		4	4	4	4	10K		
绿		5	5	5	5	100K	±0.5	D
兰		6	6	6	6	1M	±0.25	C
紫		7	7	7	7	10M	±0.1	B
灰		8	8	8	8		±0.05	A
白		9	9	9	9			
黑		0	0	0	0	1		
金		0.1				0.1	±5	J
银		0.01				0.01	±10	K
无			第一环	第二环	第三环	第四环	±20	M

图 3-32　色环读取方式

按照上述方法，硬件连线图中的限流电阻为 220 欧姆。

【想一想】在电路硬件连接过程中，必须按照规范进行，否则短路、静电等可能会损坏电路。想一想，本电路中可能存在哪些风险，并针对性地提出对策。

二、导入库文件

树莓派系统在安装完成后，已经自带 RPi.GPIO 库文件。通过调用该库文件，我们可以简单地对 GPIO 口进行控制。调用库文件可以通过如下代码实现：

```
import RPi.GPIO as GPIO
```

如果该版本未安装 RPi.GPIO 库文件，则需要手动进行安装。以树莓派 3 为例，在命令行执行如下命令就可以实现库文件的安装：

```
sudo apt-get update
sudo apt-get install python3-rpi.gpio
```

三、GPIO 口配置

GPIO 口的配置包括以下两个步骤。

1．配置引脚编号

GPIO 口的引脚编号有两种规范，即 Board Pin 和 BCM GPIO，分别采用如下语句进行配置：

```
Board Pin: GPIO.setmode(GPIO.BOARD)
BCM GPIO: GPIO.setmode(GPIO.BCM)
```

使用不同的配置方式，后续引脚编号会有所不同。如图 3-33 所示，以 12 号引脚为例，采用 Board Pin 的方式编号，则引脚编号为 12；采用 BCM GPIO 的方式编号，则引脚编号为 GPIO18。后续在设置工作模式、控制输入信号时均需与编号规范一致。

Pin#	NAME	NAME	Pin#
01	3.3v DC Power	DC Power 5v	02
03	GPIO02 (SDA1，I²C)	DC Power 5v	04
05	GPIO03 (SCL1，I²C)	Ground	06
07	GPIO04 (GPIO_GCLK)	(TXD0) GPIO14	08
09	Ground	(RXD0) GPIO15	10
11	GPIO17 (GPIO_GEN0)	(GPIO_GEN1) GPIO18	12
13	GPIO27 (GPIO_GEN2)	Ground	14
15	GPIO22 (GPIO_GEN3)	(GPIO_GEN4) GPIO23	16
17	3.3v DC Power	(GPIO_GEN5) GPIO24	18
19	GPIO10 (SPI_MOSI)	Ground	20
21	GPIO09 (SPI_MISO)	(GPIO_GEN6) GPIO25	22
23	GPIO11 (SPI_CLK)	(SPI_CE0_N) GPIO08	24
25	Ground	(SPI_CE1_N) GPIO07	26
27	ID_SD (I²C ID EEPROM)	(I²C ID EEPROM) ID_SC	28
29	GPIO05	Ground	30
31	GPIO06	GPIO12	32
33	GPIO13	Ground	34
35	GPIO19	GPIO16	36
37	GPIO26	GPIO20	38
39	Ground	GPIO21	40

图 3-33　GPIO 口

2．配置输入/输出模式

GPIO 口可以向外输出信号，也可以接收外部信号。因此，在进行 GPIO 控制时，必须对输入/输出模式进行配置。

以 GPIO18 为例，当引脚配置为输出模式时，可以对 LED 灯、蜂鸣器、继电器等模块进行控制，配置方式如下：

```
GPIO.setmode(GPIO.BCM)              #设置 GPIO 模式
GPIO.setup(18, GPIO.OUT)            #设置输出
```

当引脚配置为输入模式时，可以读取引脚电平信号，通常可以用于传感器信号读取等，配置方式如下：

```
GPIO.setmode(GPIO.BCM)              #设置 GPIO 模式
GPIO.setup(18, GPIO.IN)             #设置输入
```

四、控制 GPIO 口输入/输出

1．输入

控制 GPIO 口采集输入信号，主要是读取引脚电平信号。以 GPIO18 为例，通常使用如下代码实现：

```
RPi.GPIO.input(18)
```

2．输出

控制 GPIO 口输出信号，常见的方式是输出高电平和低电平两种。

以 GPIO18 为例，通常使用如下代码实现：

```
GPIO.output(18, GPIO.HIGH)          #输出高电平
GPIO.output(18, GPIO.LOW)           #输出低电平
```

树莓派通过 GPIO 口点灯的示例代码如下：

```
import RPi.GPIO as GPIO             #导入库函数
GPIO.setmode(GPIO.BCM)              #设置 GPIO 模式
GPIO.setup(18, GPIO.OUT)            #设置输出
GPIO.output(18, GPIO.HIGH)          #输出高电平
```

与其他语言相比，Python 控制硬件输出的语句简单，直观易懂。

3．使用 PWM 信号实现灯的亮度调节

上述控制 GPIO 口输出信号，仅能输出高电平或低电平，没有中间状态。但是，输出平均电压通常需要根据实际情况进行设置，例如，在控制电机转速时，需要通过不同的平均电压实现转速的快慢调节。此时，高电平和低电平两种电平并不能直接使用。常用的方式是使用 PWM 信号，通过占空比来调节平均电压。树莓派通过如下语句，实现 PWM 信号的使用：

```
p = GPIO.PWM(channel, freq)         #创建 PWM，其中 channel 为 GPIO 口
p.start(dc)                         #启用 PWM，dc 表示占空比（范围为 0.0~ 100.0）
p.ChangeFrequency(freq)             #更改频率，freq 为设置的新频率，单位为 Hz
p.ChangeDutyCycle(dc)               #更改占空比，范围为 0.0~100.0
p.stop()                            #停止 PWM
```

使用 PWM 信号可以实现 LED 灯的亮暗变化，以 GPIO18 为例，可采用如下代码实现：

```
import time                         #导入时间库函数
import RPi.GPIO as GPIO
GPIO.setmode(GPIO.BOARD)
GPIO.setup(12, GPIO.OUT)
# GPIO 口为物理引脚 12 号，频率为 50Hz
p = GPIO.PWM(12, 50)
p.start(0)
try:
    while 1:
        #占空比增加
        for dc in range(0, 101, 5):
            p.ChangeDutyCycle(dc)
            time.sleep(0.1)
        #占空比减小
```

```
        for dc in range(100, -1, -5):
            p.ChangeDutyCycle(dc)
            time.sleep(0.1)
#设置中断
except KeyboardInterrupt:
    pass
p.stop()
GPIO.cleanup()
```

实验二　树莓派采集温湿度

【实验目的】

（1）掌握 DHT11 工作原理。

（2）掌握 DHT11 信息采集方式及数据解读过程。

（3）掌握树莓派采集 DHT11 温度的流程及代码。

【实验设备】

（1）一台树莓派。

（2）一套显示器、键盘、鼠标。

（3）一个 DHT11 传感器、若干杜邦线。

【实验要求】

通过导入库函数的方式，采用 Python 实现温湿度数据读取。

【实验步骤】

一、温湿度传感器原理

温湿度采集在很多场景中都会用到，比较常见的有智能大棚、智能家居等。DHT11 是比较常见的温湿度传感器，虽然这一款传感器的使用效率并不是最高的，但价格便宜，因此应用也比较广泛。

DHT11 是单线工作的模块，属于数字传感器。根据技术手册，该传感器工作信号包含起始信号、采集信号。

1．起始信号

起始信号包含主机信号和从机信号，如图 3-34 所示。

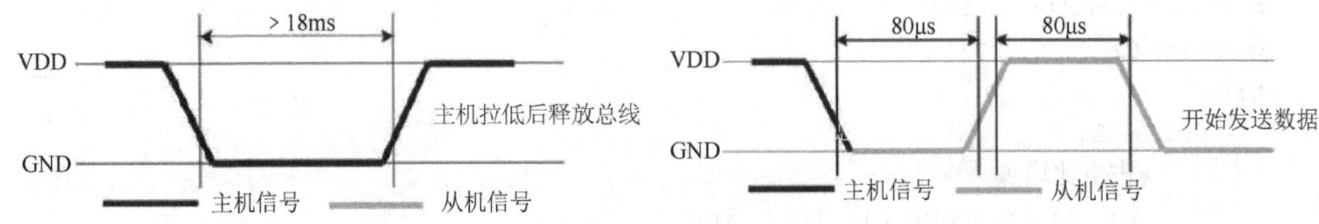

图 3-34　起始信号

主机信号表示处理器向传感器发送一定规则的指令，从图 3-34 中可以看出，主机信号包含一个大于 18ms 的低电平，表示开始工作，随后会有一个 20μs～40μs 的高电平，表示等待。从机信号表示 DHT11 模块开始响应，并向外发送数据，其中，包含 80μs 的传感器响应时间及 80μs 的拉高电平，拉高电平后面的上升沿表示开始测试数据。采集的数据每隔 50μs 被读取一次。

2．采集信号

按照上述信号的读取方式，假设读取到的结果为 0011，0101，0000，0000，0001，0111，0000，0000，0101，0001。

根据二进制转换规律，将上述二进制数转换为十六进制数，结果如下：0x35，0x00，0x17，0x00，0x51。其中，第一位为湿度的整数位，第二位为湿度的小数位；第三位为温度的整数位，第四位为温度的小数位；第五位为校验位，校验位等于温湿度整数位、小数位的和。根据测试结果，此时湿度为 35%，温度为 17℃。

二、硬件连接

DHT11 包含 4 个引脚，功能如下所述。

1 号引脚——VCC：电源，范围 3.3V~5.5V。

2 号引脚——信号：串行数据，双向口。

3 号引脚——空。

4 号引脚——GND。

采用如图 3-35 所示的方式进行硬件连线。

图 3-35　树莓派的硬件连线

2 号引脚选择连接树莓派 12 号引脚 GPIO18（此处可选择其他 GPIO 口，但是需要与后续代码中保持一致），1 号引脚和 4 号引脚分别连接 VCC 和 GND。两种输出电压 5V 和 3.3V 均可使用。3 号引脚悬空。目前，大部分厂家会将模块做成 3 脚外观，在使用时会更方便，并且连线方式类似：+号对应的引脚连接 VCC，-号对应的引脚连接 GND，中间的信号线连接 GPIO 口。

三、树莓派温湿度采集

根据上述温湿度传感器的工作原理，可以自行撰写采集温湿度的代码。在本实验中，直接采用 Python 提供的 DHT11 库函数 Adafruit，可以简单地实现温湿度采集。在使用前，需要安装库函数，如图 3-36 所示。

```
pi@raspberrypi:~ $ git clone https://github.com/adafruit/Adafruit_Python_DHT.git
正克隆到 'Adafruit_Python_DHT'...
remote: Enumerating objects: 325, done.
remote: Total 325 (delta 0), reused 0 (delta 0), pack-reused 325
接收对象中: 100% (325/325), 98.35 KiB | 32.00 KiB/s, 完成.
处理 delta 中: 100% (176/176), 完成.
pi@raspberrypi:~ $ cd Adafruit_Python_DHT
pi@raspberrypi:~/Adafruit_Python_DHT $ sudo python setup.py install
running install
running bdist_egg
running egg_info
creating Adafruit_DHT.egg-info
writing Adafruit_DHT.egg-info/PKG-INFO
writing top-level names to Adafruit_DHT.egg-info/top_level.txt
```

图 3-36　树莓派库函数 Adafruit 的安装

（1）打开 LX 终端，输入如下代码，从 GitHub 上下载库文件：

```
git clone https://github.com/adafruit/Adafruit_python_DHT.git
```

（2）进入库文件目录，代码如下：

```
cd Adafruit_python_DHT
```

（3）安装库文件。

对于不同版本的 Python 软件来说，安装方式不同。示例代码如下：

```
Python2 版本：sudo python setup.py install
Python3 版本：sudo python3 setup.py install
```

以树莓派 4B 为例，对于 Python3 以上的版本来说，需要以 Python3 版本对应的方式进行安装。

在库函数安装完毕后，采集数据的方式通过如下代码可以实现：

```
#导入库函数
import Adafruit_DHT
#新建传感器
sensor = Adafruit_DHT.DHT11
#定义信号线所接引脚
gpio = 18
#读取温湿度并解析
humidity, temperature = Adafruit_DHT.read_retry(sensor, gpio)
print(humidity, temperature)
```

运行程序，可以看到当前的湿度和温度。

任务四　基于 EDP 协议的远程智能家居设计

实验一　远程温湿度预警系统

【实验目的】

（1）掌握基于 EDP 协议的综合应用开发。

（2）掌握使用 EDP 协议上传数据的工作流程及原理。

（3）掌握树莓派采集 DHT11 温湿度数据并通过 EDP 协议进行上传的方法。

【实验设备】

（1）一台树莓派。

（2）一套显示器、键盘、鼠标。

（3）一个 DHT11 传感器、若干杜邦线。

【实验要求】

设计整个温湿度监测系统的流程图。在树莓派采集 DHT11 温湿度数据的基础上，调用 OneNET 平台提供的 EDP 协议 SDK Python 版，实现温湿度数据以 JSON 格式上传至云平台。当温度超过 25℃时，触发器会被触发，并发送邮件进行预警。

【实验步骤】

一、硬件连线

本实验主要采用树莓派收集 DHT11 采集到的温湿度数据，硬件连线与任务三中实验二的硬件连线一致。

二、系统的温湿度数据上传流程

系统的温湿度数据上传流程如图 3-37 所示。

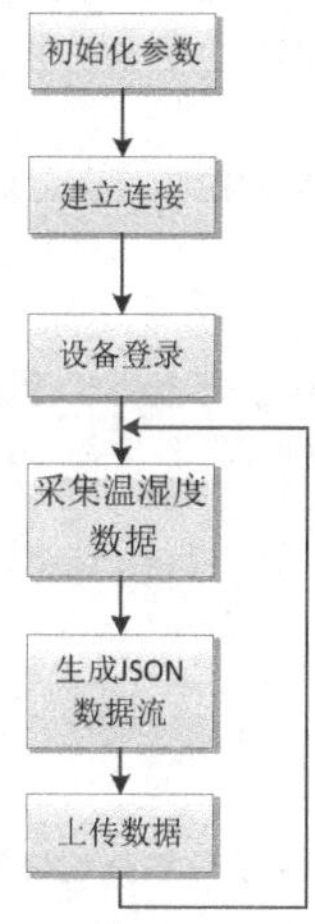

图 3-37　温湿度数据上传流程

三、采集数据并上传

1．初始化

初始化参数包括服务器地址、端口号、产品 ID、设备 ID、APIkey 和鉴权信息。

2．建立连接

3．生成目标格式的数据

EDP 协议支持多种格式的数据，这些格式在 SDK 中进行定义。调用 save_typeX()函数生成目标格式，其中 X 表示数据类型。具体数据类型如下所述。

（1）Type1：JSON 格式 1。

（2）Type2：二进制数据。
（3）Type3：JSON 格式 2。
（4）Type4：JSON 格式 3。
（5）Type5：分号间隔字符串。
（6）Type6：分号间隔字符串，带时间戳。
（7）Type7：浮点数数据。

4. 数据上传

调用 s.send()函数可以将上述生成的数据进行上传。

5. 参考代码

```
from edp_sdk import *
import Adafruit_DHT
sensor = Adafruit_DHT.DHT11
gpio = 18
if __name__ == '__main__':
    # 以下设备和产品信息，请自行补全
    api_key = 'XXXXXXXXXXX'        # 设备 APIkey
    product_id = 'XXXXX'           # 产品 ID
    device_id = 'XXXXX'            # 设备 ID
    auth_info = 'XXXXX'            # 鉴权信息
    host = 'jjfaedp.hedevice.com'
    port = 876
    s = socket.socket(socket.AF_INET, socket.SOCK_STREAM)
    s.connect((host, port))
    # 发送登录报文，并接收响应报文
    conn_msg = gen_conn_msg(pid=product_id, auth_info=auth_info)
    print(conn_msg)
    s.send(conn_msg)
    resp = s.recv(1024)
    print('设备注册结果:', resp)
    while True:
        #获取时间
        t = time.strftime("%Y-%m-%d %H:%M:%S")
        #读取温湿度
        humidity, temperature = Adafruit_DHT.read_retry(sensor, gpio)
        data = {'temp': {t: temperature},'hum':{t:humidity}}
        #以数据类型四进行组包并发送
        t4_data = save_type4(json.dumps(data), 1)
        s.send(t4_data)
        print('data: ', t4_data)
        #接收反馈信息并打印
        resp = s.recv(1024)
        print('recv', resp)
        #定时 100 秒
        time.sleep(100)
```

6. 运行结果

（1）运行上述代码，若在 IDE 内显示如下信息，则表示运行成功：

```
b'\x10\x1b\x00\x03EDP\x01\xc0\x01,\x00\x00\x00\x06307523\x00\x06123456'
设备注册结果：b' \x02\x00\x00'
data: b'\x80N@\x00\x01\x04\x00H{"temp": {"2020-03-28 13:25:11": 3}, "hum":
{"2020-03-28 13:25:11": 40}}'
recv b'\x90\x04@\x00\x01\x00'
```

其中，第一条信息表示发送的报文内容，第二条信息中的 0 表示连接成功，第三条信息表示上传的实时湿度和温度，第四条信息表示在发送信息后，网站的反馈信息。

（2）登录 OneNET 平台，进入控制台，在 EDP 产品下选择“设备列表”标签，查看设备的连接状态，显示设备在线，如图 3-38 所示。

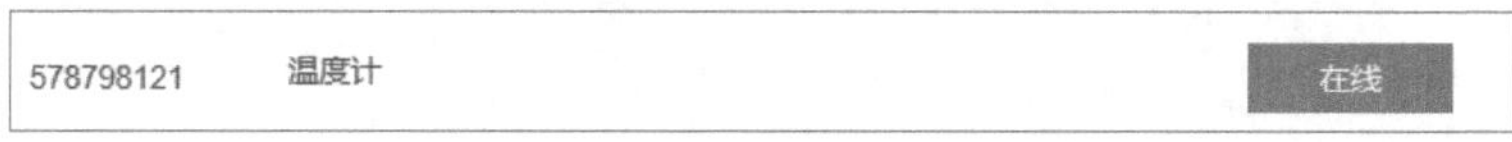

图 3-38　EDP 设备的连接状态

选择“数据流”选项，查看上传的数据点信息，得到如图 3-39 所示的结果。

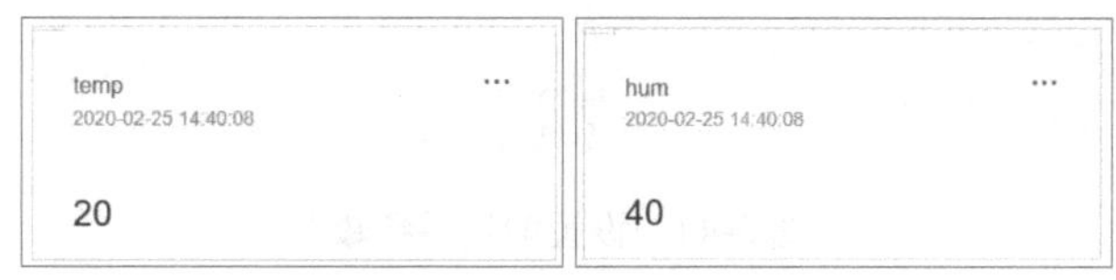

图 3-39　上传的数据点信息

此时，就可以实现远程实时监控温湿度。

四、通过触发器预警

实时监测的目的是在出现异常时进行预警。在接收到异常信息后，使用触发器，通过邮件等方式进行预警，可以避免异常现象导致的损失。

如图 3-40 所示，选择“触发器管理”标签，在出现的界面中添加触发器。

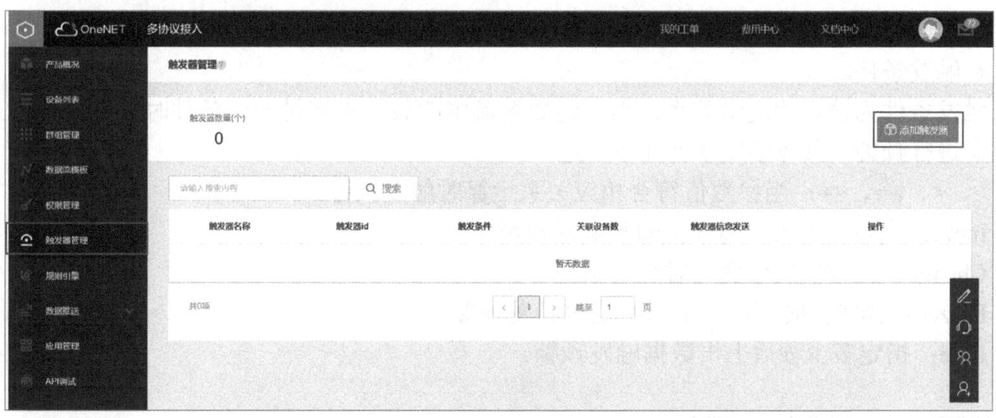

图 3-40　添加触发器

单击“添加触发器”按钮，设置触发器参数，如图 3-41 所示。

图 3-41　设置触发器参数[①]

- 触发器名称。

触发器名称可设置为 1～16 个英文、数字或下画线。

- 关联设备。

关联设备是指触发器监控的设备，默认为该产品下的全部设备。若选择指定设备，则可以通过关联选择与想要监控的设备。

- 触发数据流。

选择该设备下的数据流进行监控。例如，当温度超过一定范围时就进行预警，需要选择与温度相关的监测信息。

- 触发条件。

触发条件为设置的逻辑关系，当上述数据流中的数据点满足一定条件时，触发器就会发送信息进行预警。具体触发条件如下所述。

>、<、>=、<=：当参数值符合相应关系运算时触发预警。

Inout：当数值进入或离开区间时触发预警。

Change：当数值发生变化时触发预警。

Frozen：当多少时间内未上报数值时触发预警。

Live：指定多少秒后上报数据触发预警。

① 图中的下划线应为下画线。

- 接收信息方式。

常用方式包括邮箱和 URL。

在本实验中，以温度超过 25℃时进行预警为例，设置触发器参数："数据流"选择与温度相关的数据流，"触发条件"选择">"，数值设置为 25，单击"确定"按钮。至此，触发器生成完毕。再次运行步骤三的程序，并对传感器加温，当传感器温度超过 25℃时，将收到邮件提醒。邮件内容如下：

触发器设置如下：

```
触发器 id: 1461741
触发器名: temp
类型: >
阈值: 25
```

当温度为 30℃，接收到的触发数据如下：

```
设备 id: 1461741
设备名: 温度计
数据流: temp
触发时间: 2020-02-25T15:21:35
触发值: 30
```

表示在 2020-02-25T15:21:35，平台接收到设备采集的温度为 30℃，已经超过了自定义的阈值 25℃。

实验二　远程智能灯控制系统

【实验目的】

（1）掌握 Python 调用 EDP 协议 SDK 的方法。

（2）掌握 EDP 接收命令的工作流程及原理。

（3）掌握 OneNET 平台通过 EDP 协议下发命令并控制 LED 灯的方法。

【实验设备】

（1）一台树莓派。

（2）一套显示器、键盘、鼠标。

（3）LED 灯、限流电阻、若干杜邦线。

【实验要求】

调用 OneNET 平台提供的 EDP 协议 SDK Python 版，使用树莓派发起连接，通过 OneNET 平台下发命令，由树莓派接收命令并解析，通过 GPIO 口控制 LED 的亮暗。在 OneNET 平台建立轻应用，控制 LED 灯的亮暗。

【实验步骤】

一、硬件连线

本实验采用 GPIO26 口来控制 LED 灯，树莓派的硬件连线如图 3-42 所示。

图 3-42　树莓派的硬件连线

二、建立连接及接收命令

1．初始化（与实验一相同）

2．记录关键信息

3．获取平台下发结果

登录 OneNET 平台，在建立连接的 EDP 设备列表中，找到已建立连接的设备，选择“更多操作”→“下发命令”选项。填写如图 3-43 所示的信息，在填写时注意失效时间的计算方法，最大不超过 2678400。

图 3-43　填写下发命令信息

4．接收并解析命令

与任务二相同，在平台命令下发完毕后，程序通过调用如下命令，实现信息的接收及初步解析：

```
recv_data = s.recv(1024)
res = recv_data_parser(recv_data)
```

该函数的参数为接收到的数据，返回值 res 包含两部分：cmd_id 和 cmd_body。

根据 cmd_body 的信息，实现开关灯的功能。当接收到命令 1 时，控制开灯；当接收到其他命令时，控制关灯。上述功能可通过如下代码实现：

```
if cmd_body==b'1':
    GPIO.output(Out1, GPIO.HIGH)    #输出高电平
else:
    GPIO.output(Out1, GPIO.LOW)     #输出低电平
```

5. 参考代码

```
# coding: utf-8
from edp_sdk import *
import RPi.GPIO as GPIO                  #导入函数
#设置 GPIO 口
Out1=26                                  #设置 GPIO 端口号为 26
GPIO.setmode(GPIO.BCM)                   #设置 GPIO 模式
GPIO.setup(Out1, GPIO.OUT)               #设置输出
if __name__ == '__main__':
    # 以下设备和产品信息，请自行补全
    api_key = 'XXXXXXXXXXX'              #设备 APIkey
    product_id = 'XXXXX'                 #产品 ID
    device_id = 'XXXXX'                  #设备 ID
    auth_info = 'XXXXX'                  #鉴权信息
    host = 'jjfaedp.hedevice.com'
    port = 876
    # 新建 Socket 连接
    s = socket.socket(socket.AF_INET, socket.SOCK_STREAM)
    s.connect((host, port))
    # 建立设备连接
    conn_msg = gen_conn_msg(pid=product_id, auth_info=auth_info)
    print(conn_msg)
    s.send(conn_msg)
    resp = s.recv(1024)
    print('设备注册结果:', resp)
    while True:
        # 接收信息并解析
        recv_data = s.recv(1024)
        print(recv_data)
        res = recv_data_parser(recv_data)
        if res:
            cmd_id, cmd_body = res
            print('cmd_id:  ', cmd_id)
            print('cmd_body:', cmd_body)
            # 根据命令，实现功能
            if cmd_body ==b'1':
                GPIO.output(Out1, GPIO.HIGH)
            else:
                GPIO.output(Out1, GPIO.LOW)
            # 发送反馈信息
            s.send(cmd_reply(cmd_id, 'command response'.encode()))
            check_cmd_resp(cmd_id, api_key)
        time.sleep(10)
```

6．创建轻应用

在本任务之前，主要实验内容均为通过协议上传信息至云平台。本实验通过云平台进行命令下发，在轻应用的创建方面存在一定的差异。下面介绍轻应用的创建步骤。

如图 3-44 所示，选择“应用管理”标签，在出现的界面中，单击“添加应用”按钮，进入轻应用开发界面，填写应用名称、权限、Logo 等信息。

图 3-44 “应用管理”界面

如图 3-45 所示，在“组件库”中，选择开关元件并将其拖动到编辑区中。单击添加的开关元件，进入“属性”面板，选择需要控制的设备及数据流，此处的数据流不影响命令下发。

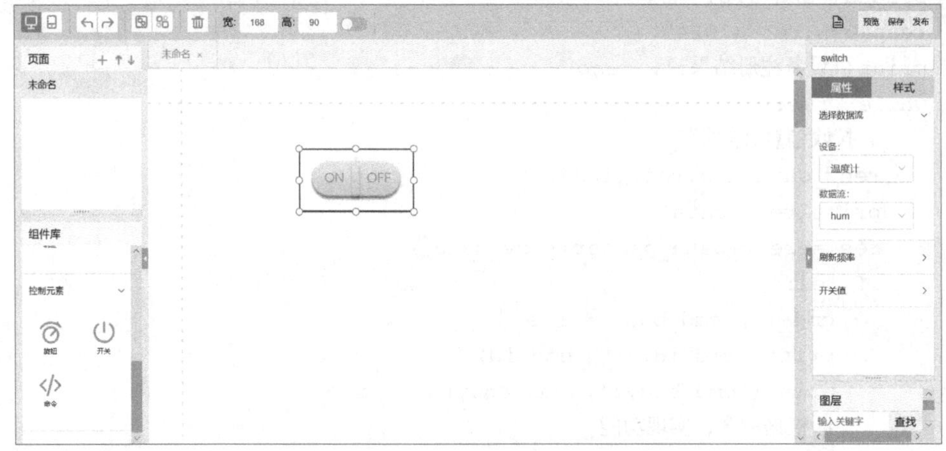

图 3-45 添加开关元件

设置刷新频率，该控件不仅可以对底层硬件进行控制，也可以监测底层硬件的开关状态，设置刷新频率会影响监测的及时性。

设置开/关值，包括开和关两种状态下平台下发的命令。此处的设置与底层硬件的执行操作相对应。

在本实验的底层代码中，实现的逻辑关系如下：

```
if cmd_body==b'1':
    GPIO.output(Out1, GPIO.HIGH)    #输出高电平
else:
    GPIO.output(Out1, GPIO.LOW)     #输出低电平
```

当下发命令为 1 时，会输出高电平，结合硬件电路连线，在高电平时，会点亮 LED 灯。在平台开关值的设置中，开值可以设置为 1；在关灯时，下发任意值均能输出低电平，因此，关值可以设置为任意值，如采用 0。

单击“预览”按钮，即可通过云平台对 LED 灯进行远程控制。预览的结果并非最终可以分享的结果，还必须对应用进行发布操作。单击“发布”按钮，后台会对发布的应用进行审核，在审核通过后，就可以进行应用分享了。

思考与练习

1．创建 EDP 协议产品、设备、数据流。
2．使用树莓派采集温湿度数据，采用 EDP 协议上传至云平台，并创建折线图应用。
3．通过云平台下发命令，控制树莓派点亮、关闭 LED 灯。
4．分别创建 Web 端、手机端轻应用，实现温湿度监测和 LED 灯控制。
5．采用一种传感器替换温湿度传感器，采用 EDP 协议进行数据上传。
6．下发不同数值，使用 PWM 信号控制 LED 灯显示不同亮度。

项目四　基于 MQTT 协议的温湿度监测系统

项目概述

由于 MQTT 协议的优势，在物联网领域采用该协议进行的开发处于主流地位。该协议采用发布/订阅的模式，与主流社交软件类似，当关注一个朋友后，朋友发布的更新信息会被自动推送给订阅者。本项目以常见的树莓派为载体，采用 MQTT 协议将树莓派采集到的温湿度数据在 OneNET 平台发布，建立温湿度监测系统。

知识目标

（1）掌握 MQTT 协议及发布/订阅的概念

（2）掌握 token 的计算方法

（3）掌握 MQTT 发布/订阅的流程

（4）掌握基于 MQTT 协议的 OneNET 平台应用开发流程

技能目标

（1）能够计算 token

（2）能够使用调试软件进行 MQTT 协议调试

（3）能够基于 Python 进行 MQTT 协议的发布、订阅、命令接收

（4）能够进行轻应用开发

任务一　认识 MQTT 协议

知识一　MQTT 协议

在物联网整体解决方案的开发中，考虑到针对底层硬件的资源受限、低功耗等要求，传统的 HTTP 协议会占用较多资源，在很多物联网应用场景中，并不能满足应用需求。

针对物联网的特点，IBM 在 1999 年发布了一种“轻量级”协议——MQTT 协议。MQTT（Message Queuing Telemetry Transport，消息队列遥测传输协议）是一种基于发布/订阅（Publish/Subscribe）模式的通信协议，该协议构建于 TCP/IP 协议之上。MQTT 协议的最大优点在于，可以以极少的代码和有限的带宽，为连接远程设备提供实时、可靠的消息服务。作为一种低开销、低带宽占用的即时通信协议，MQTT 协议在物联网、小型设备、移动应用等方面具有较广泛的应用。

一、协议特点

（1）采用发布/订阅模式，提供一对多的消息分发。

（2）提供 3 种等级的 QoS（消息发布服务质量）。

（3）精简，不添加可有可无的功能。
（4）使用 TCP/IP 协议进行网络连接。
（5）小规模传输，传输消耗、协议交换、网络流量均很小。

二、3 种 QoS 机制

MQTT 协议提供了 3 种 QoS 机制。

1．QoS0

该 QoS 级别表示无论数据是否丢失，都不重发。其工作流程如图 4-1 所示。

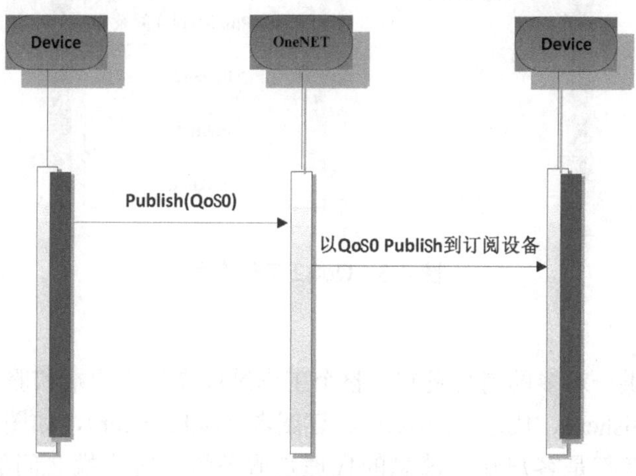

图 4-1 QoS0 工作流程

2．QoS1

该 QoS 级别表示最少收到一次消息，以确保消息到达用户。这种模式容易造成用户接收到重复的消息。其工作流程如图 4-2 所示。

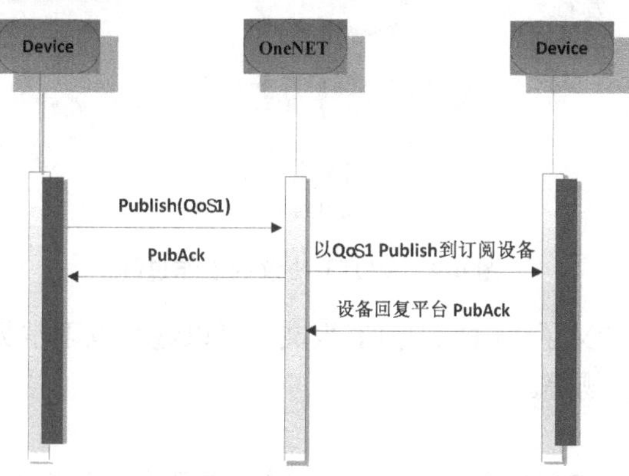

图 4-2 QoS1 工作流程

3．QoS2

该 QoS 级别可以保证用户肯定收到消息，并且只收到一次。其工作流程如图 4-3 所示。

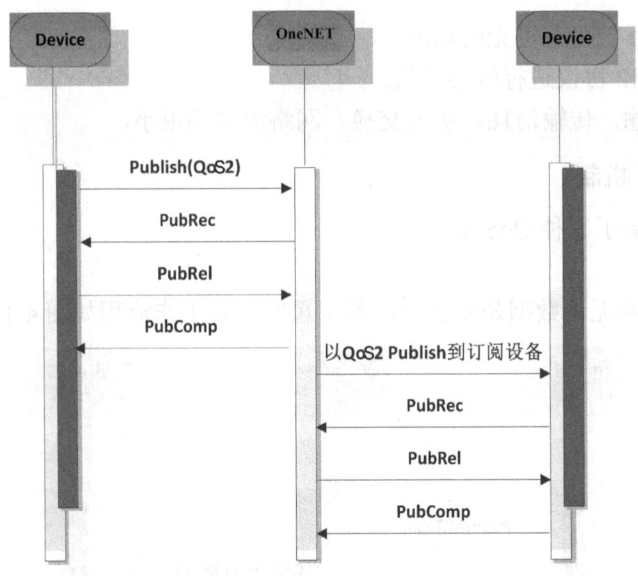

图 4-3　QoS2 工作流程

三、常见报文

MQTT 协议提供一对多的消息发布，整个工作过程需要客户端和服务器，主要涉及 3 种身份：发布者（Publisher）、代理（Broker）、订阅者（Subscriber），如图 4-4 所示。其中，消息的发布者和订阅者都是客户端，消息的代理是服务器。客户端之间的消息交互需要通过 Broker 进行，并按主题进行消息传输。消息的发布者可以同时是订阅者。云平台可以在整个信息交互过程中作为 Broker。

图 4-4　MQTT 协议的工作过程

在 MQTT 协议中，定义了 14 种 MQTT 报文，可以进行以下常见的操作，包括建立/断开连接、发布信息、订阅主题等。

1. 建立/断开连接

MQTT 协议是建立在 TCP/IP 协议之上的。客户端与服务器建立连接的过程如图 4-5 所示。

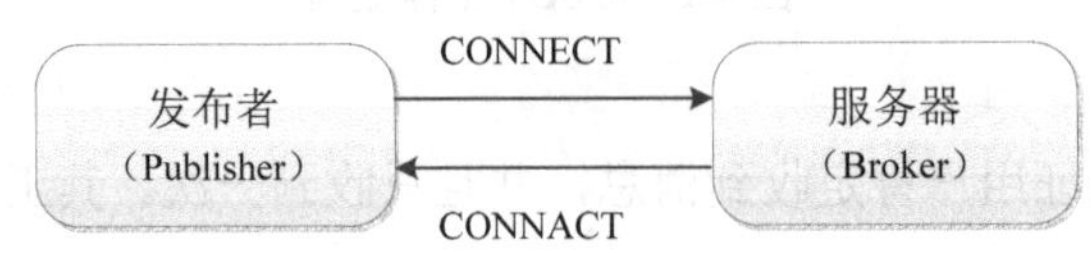

图 4-5　建立连接的过程

客户端向服务器发送 CONNECT 报文以发起一次连接请求，CONNECT 报文是客户端连接到代理的第一个报文。如果连接已经存在，则代理在收到该报文时会断开现有连接。CONNACT 是代理用来响应客户端 CONNECT 报文的报文。代理向客户端发送的第一个报文必须是 CONNACT。

DISCONNECT 报文是从客户端或服务器发送的最终 MQTT 协议控制数据报文。它给出了网络连接被关闭的原因。客户端或服务器可以在关闭网络连接之前发送一个 DISCONNECT 报文。

2. 发布信息

在发布/订阅模式中，与发布信息相关的报文主要包括 PUBLISH。

PUBLISH 报文表示发布消息，用于从客户端向服务器或从服务器向客户端传输一个应用消息。

- 客户端向服务器发送 PUBLISH 报文，表示向服务器发布应用消息。
- 服务端使用 PUBLISH 报文发送应用消息给客户端，表示向每一个订阅匹配的客户端推送应用消息。

当收到一个 PUBLISH 报文时，接收者的动作取决于 QoS 等级。

- QoS1：当选择 QoS1 级别时，还会用到 PUBACK 报文，表示对 PUBLISH 报文的响应，表示确认收到。
- QoS2：当 QoS 级别较高时（QoS2），响应分三步，会用到 3 个报文，分别为 PUBREC、PUBREL、PUBCOMP，用以实现较高的服务质量。

PUBREC 报文表示发布收到，是对 QoS2 等级的 PUBLISH 报文的响应。

PUBREL 报文表示发布释放，是对 PUBREC 报文的响应。

PUBCOMP 报文表示发布完成，是对 PUBREL 报文的响应。

3. 订阅主题

在 MQTT 协议中，客户端向服务器发送 SUBSCRIBE 报文用于创建一个或多个订阅。每个订阅客户端可以订阅一个或多个主题。当订阅主题后，服务器会将筛选到的与订阅主题匹配的主题通过 PUBLISH 报文推送给客户端。SUBSCRIBE 报文为每个订阅主题指定了最大的 QoS 等级，服务端根据 QoS 级别采用不同的推送质量，并采用对应的报文与客户端进行交互。

在收到客户端的订阅报文 SUBSCRIBE 后，服务器会发送 SUBACK 报文给客户端，用于确认它已经收到且正在处理 SUBSCRIBE 报文。

当客户端需要取消已订阅的主题时，可以采用 UNSUBSCRIBE 报文。客户端发送该报文给服务器，用于取消订阅。

在收到客户端的订阅报文 UNSUBSCRIBE 后，服务器发送 UNSUBACK 报文给客户端，用于确认收到 UNSUBSCRIBE 报文。

4. 心跳机制

在通信相关的协议中，通常都会采用心跳机制来保活（keep Alive）。在连接报文中，会指定 Keep Alive 时间，也就是最大连接空闲时间 T，当客户端检测到连接空闲时间超过 T 时，必须向服务器发送心跳报文 PINGREQ，告知服务器，客户端处于 Alive 状态；服务器在收到心跳请求后返回心跳响应报文 PINGRESP，表示服务器处于 Alive 状态。若服务器在超过 $1.5T$

时仍未收到心跳请求，则断开连接，并且投递 Will Message 到订阅方；同样，若客户端超过一定时间仍没收到心跳响应报文 PINGRESP，则断开连接。在连接空闲时发送心跳报文可以用于维持连接，防止由于节约网络资源而强制将连接断开。

知识二 OneNET 平台不同版本的 MQTT 协议

OneNET 平台包括两种版本的 MQTT 协议。旧版本的协议在多协议连接中，新版本的协议则在 MQTT 物联网套件中，两者存在较大的差异。本章考虑到 MQTT 协议的稳定性和安全性，选择使用新版本的 MQTT 协议。

一、旧版本的协议功能

该版本支持的功能如下：

- 安全鉴权。
- 支持数据点上报（平台指定 topic）。
- 支持创建 topic。
- 支持获取项目的 topic 列表。
- 支持订阅/取消订阅平台的 topic。
- 支持设备的 topic 订阅。
- 支持平台命令下发。
- 支持不同级别的 QoS，如 QoS0（双向），QoS1（客户端到服务器）。
- 支持连接 Keep Alive。
- 支持离线 topic。
- 支持数据点订阅。

二、新版本的协议与旧版本的协议的差异

新版本的协议主要在安全性和稳定性方面进行了以下调整。

（1）支持加密传输。

（2）增加了对设备的限制，以防止破坏性攻击。平台对 topic 约定如下：

- 暂时不支持用户自定义 topic，仅限使用系统 topic。
- 系统 topic 均以$开头。
- 用户可以使用相关系统 topic 访问接入套件中的存储、命令等服务。
- 在设备使用系统 topic 时，暂时仅限订阅与发布消息至与自己相关的 topic，不能跨设备/产品进行订阅与发布。
- 在设备订阅非法 topic 时，平台会通过 MQTT publish ack 报文返回订阅失败。
- 在设备发布消息到非法 topic 时，平台会断开设备连接。
- 通配符：平台支持通配符+与#，分别表示单级和多级。

因此，在新版本的协议中，不支持一对多的订阅。

【看一看】近几年，网络安全事件接连“爆发”，如美国大选信息泄露、“WannaCry”勒索病毒一天内横扫 150 多个国家、Intel 处理器爆出惊天漏洞……多年前，我国就已经将网络安全上升到国家战略层面。维护我国网络安全是协调推进全面建成小康社会、全面深化改革、全面依法治国、全面从严治党战略布局的重要举措，是实现“两个一百年”奋斗目标、实现中华民族伟大复兴的重要保障。2016 年，经中央网络安全和信息化领导小组批准，国家互联网信息办公室发布《国家网络空间安全战略》。该战略主要以总体国家安全观为指导，贯彻落实创新、协调、绿色、开放、共享的发展理念，增强风险意识和危机意识，统筹国内国际两个大局，统筹发展安全两件大事，积极防御、有效应对，推进网络空间和平、安全、开放、合作、有序，维护国家主权、安全、发展利益，实现建设网络强国的战略目标。具体内容如下。

和平：信息技术滥用得到有效遏制，网络空间军备竞赛等威胁国际和平的活动得到有效控制，网络空间冲突得到有效防范。

安全：网络安全风险得到有效控制，国家网络安全保障体系健全完善，核心技术装备安全可控，网络和信息系统运行稳定可靠，网络安全人才满足需求，全社会的网络安全意识、基本防护技能和利用网络的信心大幅提升。

开放：信息技术标准、政策和市场开放、透明，产品流通和信息传播更加顺畅，数字鸿沟日益弥合。不分大小、强弱、贫富，世界各国特别是发展中国家都能分享发展机遇、共享发展成果、公平参与网络空间治理。

合作：世界各国在技术交流、打击网络恐怖和网络犯罪等领域的合作更加密切，多边、民主、透明的国际互联网治理体系健全完善，以合作共赢为核心的网络空间命运共同体逐步形成。

有序：公众在网络空间的知情权、参与权、表达权、监督权等合法权益得到充分保障，网络空间个人隐私获得有效保护，人权受到充分尊重。网络空间的国内和国际法律体系、标准规范逐步建立，网络空间实现依法有效治理，网络环境诚信、文明、健康，信息自由流动与维护国家安全、公共利益实现有机统一。

【查一查】查阅《中华人民共和国网络安全法》。

任务二　基于模拟器的 MQTT 协议调试

知识一　token 计算方法

token 是在计算机身份认证中的一种动态令牌。由于 token 是动态密码，不会把 key 直接暴露在网络中，因此它更加安全，也是目前大部分云平台采用的鉴权方式。在 OneNET 平台中，新版本的 MQTT 协议采用 token 认证方式。下面介绍 token 的计算方法。

一、token 组成

token 由多个参数构成，如下所述。

- version：参数组版本号，日期格式，目前仅支持"2018-10-31"。
- res：访问资源 resource。

格式为：父资源类/父资源 ID/子资源类/子资源 ID。

示例：在设备连接时，res 格式为'products/Product_ID/devices/Device_name'。

在 API 访问时，res 格式为'products/Product_ID'。

- et：访问过期时间 expirationTime，UNIX 时间。

1537255523 表示北京时间 2018-09-18 15:25:23。

当访问参数中的 et 时间小于当前时间时，平台会认为访问参数过期，从而拒绝该访问 version。一般采用"当前时间+过期时间"来表示。

示例：当前时间 +3600，表示当前时间后一个小时。

- method：签名方法，支持 MD5、SHA1、SHA256 三种方法。
- sign：签名结果字符串 signature。

参数 sign 的生成算法如下：

```
sign = base64(hmac_<method>(base64decode(accessKey),
utf-8(StringForSignature)))
```

其中，各参数含义如下所述。

accessKey 是 OneNET 平台为独立资源（如产品）分配的唯一访问密钥，作为签名算法参数之一参与签名计算，为保证访问安全，需要被妥善保管。accessKey 在参与计算前应先进行 base64decode 操作。

用于计算签名的字符串 StringForSignature 的组成按照参数名称进行排序，以'/n'作为参数分隔，在当前版本中按照如下顺序进行排序：et、method、res、version。

字符串 StringForSignature 的组成示例如下：

```
StringForSignature = et + '\n' + method + '\n' + res+ '\n' + version
```

注意，每个参数均采用 key=value 的形式，但是仅参数中的 value 参与字符串 StringForSignature 的组成。若 token 参数如下：

```
et = 1537255523
method = sha1
res = products/123123
version = 2018-10-31
```

则字符串 StringForSignature 为（按照 et、method、res、version 的顺序）：

```
StringForSignature = "1537255523" + "\n" + "sha1"+ "\n" + "products/123123"+
"\n" + "2018-10-31"
```

在计算出 sign 后，将每个参数采用 key=value 的形式表示，并使用&作为分隔符，示例如下：

```
version=2018-10-31&res=products/123123&et=1537255523&method=sha1&sign=ZjA1Nz
ZlMmMxYzIOTg3MjBzNjYTI2MjA4Yw=
```

二、token 计算的参考代码

token 计算可采用如下代码：

```
#导入库文件
import base64
import hmac
import time
from urllib.parse import quote
#定义 token 计算方式
def token(product_id, access_key, auth_info=None):
    version = '2018-10-31'
    if auth_info:
        res = 'products/%s/devices/%s' % (product_id, auth_info)
    else:
        res = 'products/%s' % (product_id)
    et = str(int(time.time()) + 3600)
    method = 'sha1'
    key = base64.b64decode(access_key)
    org = et + '\n' + method + '\n' + res + '\n' + version
    b = hmac.new(key=key, msg=org.encode(), digestmod=method)
    sign = base64.b64encode(b.digest()).decode()
    sign = quote(sign, safe='')
    res = 'res=%s' % res
    sign = 'sign=%s' % sign
    et = 'et=%s' % et
    method = 'method=%s' % method
    version = 'version=%s' % version
    list_token = [res, sign, et, method, version]
    token = '&'.join(list_token)
    return token

if __name__ == '__main__':
    access_key = 'xxx'        #设备 key
    auth_info = 'temp'        #设备 ID
    product_id = '315511'     #产品 ID
    print(token(product_id, access_key, auth_info))
```

在该 token 计算代码中，涉及以下 3 个参数。

- access_key：与其他协议不同，该协议采用设备级的 key 作为鉴权信息，选择“设备列表”标签，可以进入设备详情中查看。
- auth_info：设备名称，该参数与下文中 MQTT.fx 调试软件建立连接时的 ClientID 一致。
- product_id：产品 ID，该参数与下文中 MQTT.fx 调试软件建立连接时的用户名一致。

实验一　建立连接

【实验目的】

（1）掌握 MQTT 协议的产品、设备、数据流创建流程。

（2）掌握整个流程中各类信息的解读。

【实验设备】

（1）一台 PC，可连接 Internet。

（2）MQTT.fx 软件。

【实验要求】

在 OneNET 平台注册 MQTT 产品，并在该产品下注册设备，创建数据流。采用 MQTT.fx 软件建立连接。

【实验步骤】

一、新建 MQTT 产品

（1）登录 OneNET 平台，进入控制台，在“全部产品”中，选择“MQTT 物联网套件（新版）”。

（2）单击“添加产品”按钮，并填写相关信息。需要填写产品名称、产品行业、产品类别、联网方式、设备接入协议、操作系统、网络运营商等一系列信息。

（3）记录新建产品的产品 ID。

二、新建 MQTT 设备

（1）在同一类产品下，可以添加多个设备，并且每个设备都将与一个实际设备相对应。如图 4-6 所示，选择“设备列表”标签，在出现的界面中，添加新版 MQTT 设备。

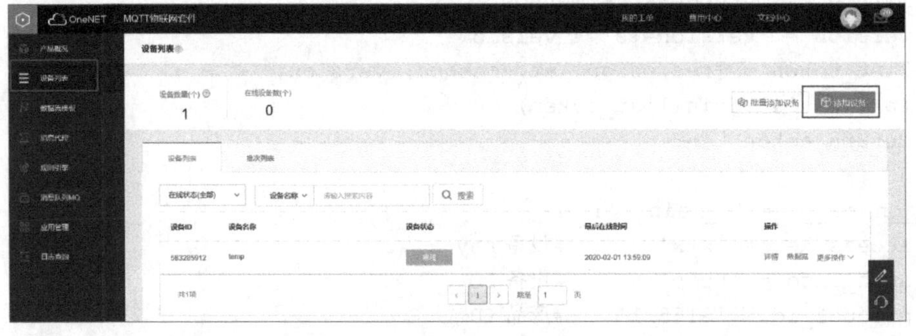

图 4-6 添加新版 MQTT 设备

（2）单击“添加设备”按钮，填写设备名称等信息，单击“添加”按钮。使用该协议，在一个产品下，可以有很多设备，但是设备名称不能重复。建议使用设备 SN 号、MAC 地址、IMEI 等对设备进行命名，保证设备名称是唯一的。

（3）选择“设备列表”标签，在该设备右侧，选择“详情”选项，记录设备 ID 和设备 key。

三、使用 MQTT.fx 软件建立连接

MQTT 协议支持第三方开源 SDK，可在其官方网站下载，本实验采用 MQTT.fx 客户端进行接入操作。

（1）打开 MQTT.fx 客户端，其首页如图 4-7 所示，单击图 4-7 所圈中的图标，进入客户端配置页面。

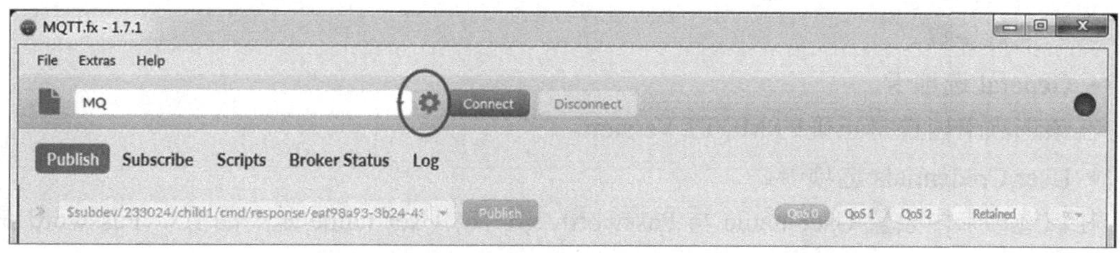

图 4-7　MQTT.fx 客户端首页

（2）在如图 4-8 所示的客户端配置页面中，设置 Profile Name。在本实验中，设置 Profile Name 为 local mosquitto。

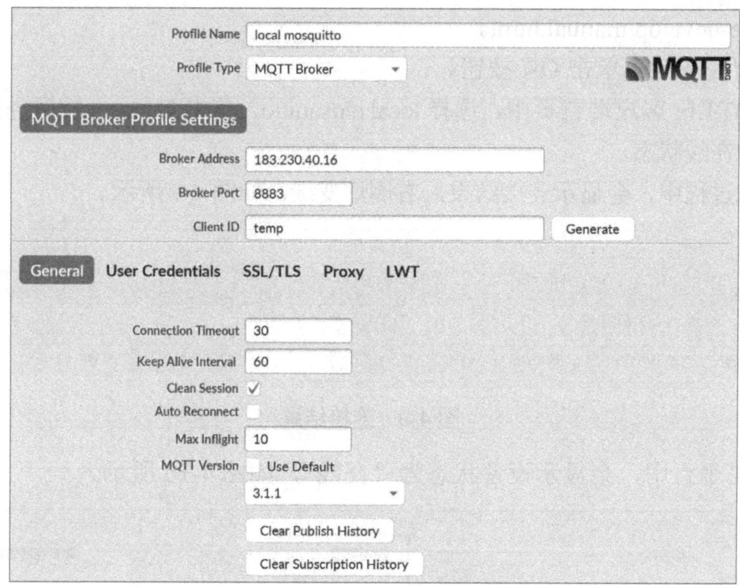

图 4-8　MQTT.fx 客户端配置页面

（3）设置接入地址、端口及客户端 ID。

接入地址和端口：OneNET 平台提供了加密和不加密类型的两种接口，并且两者的接入地址和端口不同，如表 4-1 所示。

表 4-1　接入地址和端口

连接协议	证书	地址	端口	说明
MQTT	证书下载	183.230.40.16	8883	加密接口
MQTT	-	183.230.40.96	1883	非加密接口

本实验选取加密接口。

Broker Address：183.230.40.16。

Broker Port：8883。

Client ID：填写设备名称。

（4）设置参数。

- General 选项卡。

在该选项卡内选择正确的 MQTT Version。

- User Credentials 选项卡。

在该选项卡内设置 User name 与 Password。其中，User name 是产品 ID，Password 是计算得到的 token。

- SSL/TLS 选项卡。

在该选项卡内进行加密设置。选择 CA certificate file 选项，导入证书。证书下载：进入 OneNET 平台，选择“设备开发指南”→“开发指南”，地址为 https://open.iot.10086.cn/doc/mqtt/book/device-develop/manual.html。

（5）在设置完毕后，单击 OK 按钮。

（6）在 MQTT.fx 客户端首页中，选择 local mosquitto，单击 Connect 按钮进行连接。在连接后，确认设备的在线状态。

在软件调试过程中，会显示连接结果，右侧灯变绿，如图 4-9 所示。

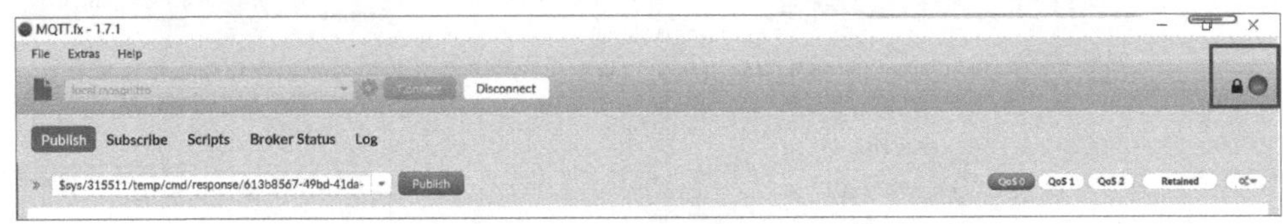

图 4-9 连接结果

在 OneNET 平台中，会显示设备状态为“在线”，如图 4-10 所示。

设备ID	设备名称	设备状态	最后在线时间
525792896	mqtts-test-device	在线	2019-05-09 15:47:49

图 4-10 显示设备状态

在调试软件和平台都确认完毕后，表示设备已经与平台建立连接。

实验二 信息发布

【实验目的】

（1）掌握 MQTT 协议信息发布的流程。

（2）掌握整个流程中各类信息的解读。

【实验设备】

（1）一台 PC，可连接 Internet。

（2）MQTT.fx 软件。

【实验要求】

在实验一创建的数据流下，采用 MQTT.fx 软件实现信息发布。

【实验步骤】

一、建立连接

二、发布信息

（1）在成功连接后，在 MQTT.fx 客户端首页单击上面的 Publish 按钮。

如图 4-11 所示，调用系统 topic：$sys/{pid}/{device-name}/dp/post/json。

该 topic 表示上传数据点，其中 pid 用产品 ID 替换，device-name 用设备名称替换。

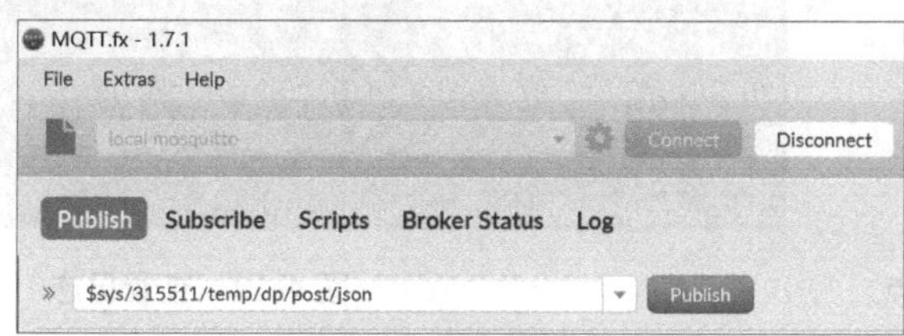

图 4-11　调用系统 topic

在新版本的 MQTT 协议中，规定了可以调用的系统 topic。数据点相关操作的 topic 如表 4-2 所示。

表 4-2　数据点相关操作的 topic

topic	用　途	QoS	订　阅	发　布
$sys/{pid}/{device-name}/dp/post/json	设备上传数据点	0/1		√
$sys/{pid}/{device-name}/dp/post/json/accepted	系统通知"设备上传数据点成功"	0	√	
$sys/{pid}/{device-name}/dp/post/json/rejected	系统通知"设备上传数据点失败"	0	√	

（2）输入 JSON 数据流，示例代码如下：

```
{
    "id": 123,
    "dp": {
        "temperature": [{
            "v": 60,
            "t": 1581423600
        }]
    }
}
```

- id：表示发布消息的 ID，可以更改。
- dp：数据流。
- temperature：其中一个数据流的名称。
- v：数据点。
- t：产生该数据点的时间，可不上传。若不上传，则平台默认为当前时间。设备端可以在缓存中记录数据采集的时间并上传，解决网络问题所导致的无法立即上传的问题。

时间格式采用 UNIX 格式，例如，1581423600 表示 2020-2-11 20:20:00。

（3）进入 OneNET 平台，选择相应设备，并单击该设备对应的“数据流”，即可看到该数据点，如图 4-12 所示。

（4）如图 4-13 所示，在 MQTT.fx 客户端首页单击 Log 按钮查看日志。

图 4-12　查看数据点

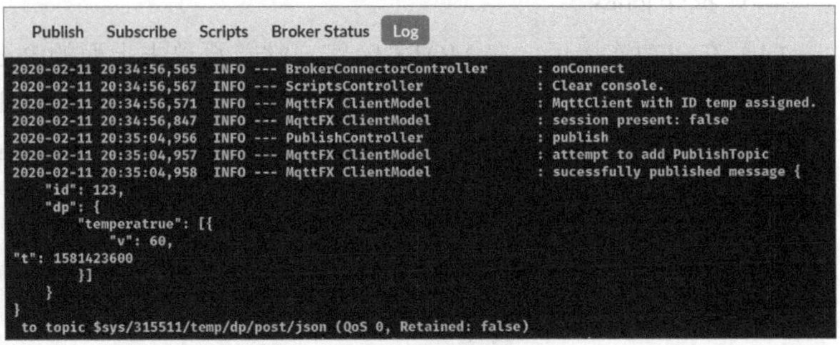

图 4-13　查看日志

前 4 条日志表示成功登录；后面的日志表示成功发布数据。但是在本地看不到信息，原因在于未订阅相关 topic，发布的过程仅为单向过程。

实验三　主题订阅

【实验目的】

（1）掌握 MQTT 协议的主题订阅流程。

（2）掌握整个流程中各类信息的解读。

【实验设备】

（1）一台 PC，可连接 Internet。

（2）MQTT.fx 软件。

【实验要求】

在 OneNET 平台注册 MQTT 协议产品，并在该产品下注册设备，创建数据流。采用 MQTT.fx 软件进行连接，完成 topic 订阅。

【实验步骤】

一、订阅主题 accepted

如图 4-14 所示，在 MQTT.fx 客户端首页单击上面的 Subscribe 按钮，在文本框中输入如下主题 accepted：

```
$sys/{pid}/{device-name}/dp/post/json/accepted
```

表示订阅系统 topic，实现系统通知“设备上传数据点成功”。单击文本框后面的 Subscribe

按钮，会出现订阅条目。

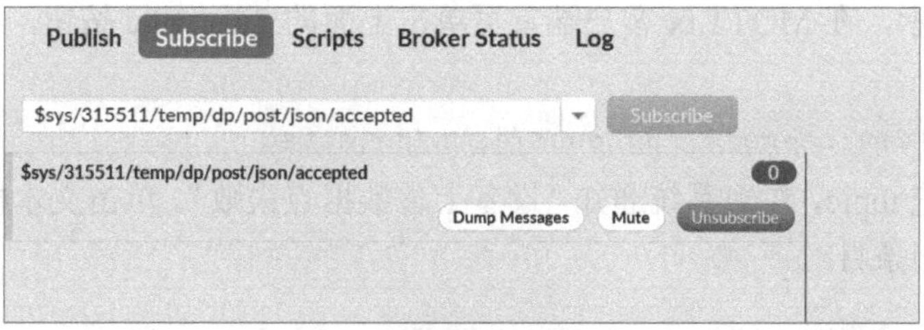

图 4-14　订阅上传成功的主题

二、信息发布

在 MQTT.fx 客户端首页单击上面的 Publish 按钮，在文本框中输入$sys/{pid}/{device-name}/dp/post/json，输入实验二中的 JSON 数据流，并单击文本框后面的 Publish 按钮。

示例代码如下：

```
{
    "id": 123,
    "dp": {
        "temperature": [{
            "v": 60,
            "t": 1581423600
        }]
    }
}
```

三、查看订阅结果

如图 4-15 所示，在 MQTT.fx 客户端首页单击上面的 Subscribe 按钮，查看订阅结果。

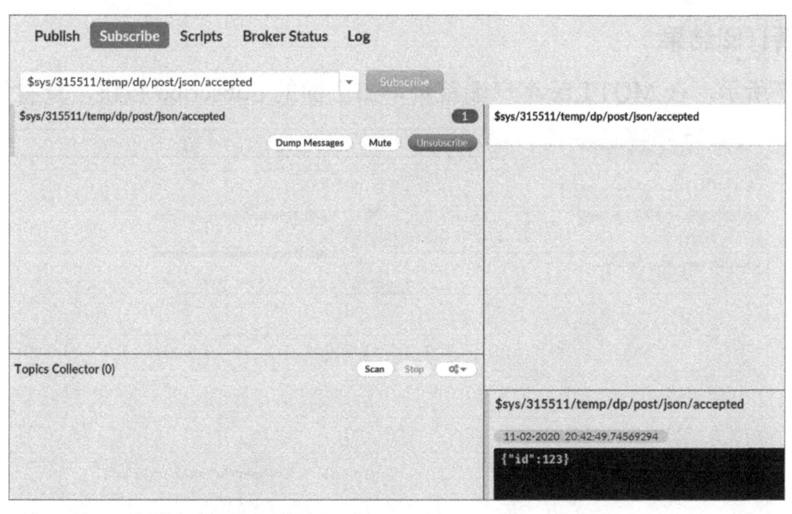

图 4-15　上传成功的订阅结果

从图 4-15 中可以看到来自"id"：123 的信息，收到该订阅主题的信息表示数据上传成功。

四、订阅主题 rejected

如图 4-16 所示，在 MQTT.fx 客户端首页单击上面的 Subscribe 按钮，在输入框中输入如下主题 rejected：

```
$sys/{pid}/{device-name}/dp/post/json/rejected
```

表示订阅系统 topic，实现系统通知“设备上传数据点失败”。单击文本框后面的 Subscribe 按钮，会出现订阅条目。

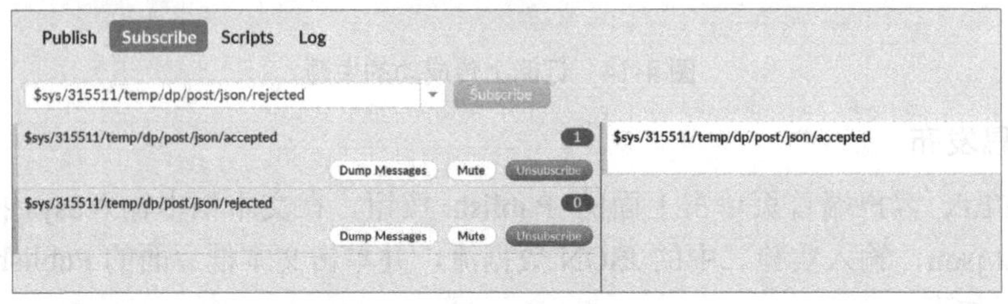

图 4-16　订阅上传失败的主题

五、信息发布

在 MQTT.fx 客户端首页单击上面的 Publish 按钮，在文本框中输入$sys/{pid}/{device-name}/dp/post/json，输入错误数据流，并单击文本框后面的 Publish 按钮。

示例代码如下：

```
{
    "id": 123,
    "dp": {
        "temperature":60
    }
}
```

六、查看订阅结果

如图 4-17 所示，在 MQTT.fx 客户端首页单击上面的 Subscribe 按钮，查看订阅结果。

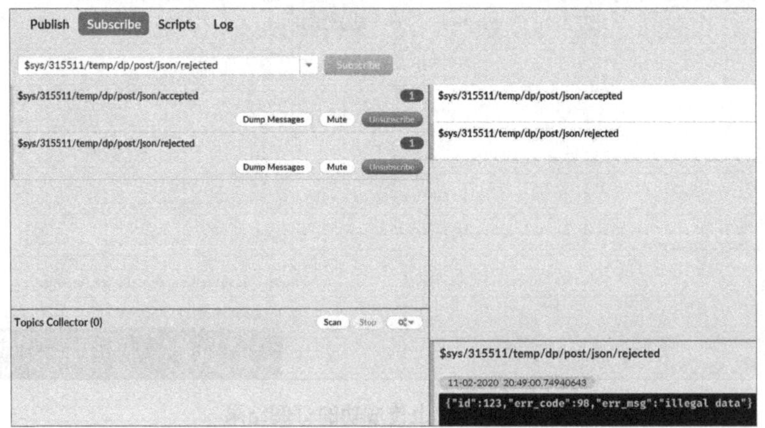

图 4-17　上传失败的订阅结果

从图 4-17 中可以看到来自"id"：123 的信息，收到该订阅主题的信息表示数据上传失败。该信息错误代码为 98，属于非法数据，不满足规定格式。

实验四　命令接收

【实验目的】

（1）掌握 MQTT 协议接收平台命令的工作流程。

（2）掌握整个流程中各类信息的解读。

【实验设备】

（1）一台 PC，可连接 Internet。

（2）MQTT.fx 软件。

【实验要求】

在 OneNET 平台注册 MQTT 协议产品，并在该产品下注册设备，创建数据流。采用 MQTT.fx 软件进行连接，通过 OneNET 平台进行命令下发。

【实验步骤】

MQTT 协议是双向的，设备端可以向平台发送数据，平台也可以向数据端下发命令。与 EDP 设备不同的是，MQTT 设备发送的信息并不能直接到达设备端，而是需要设备端订阅相应的主题。因此，调试过程分为设备端和平台端。

（1）如图 4-18 所示，在成功连接后，打开 MQTT.fx 客户端首页，单击上面的 Subscribe 按钮，订阅如下主题：

```
$sys/{pid}/{device-name}/cmd/request/+
```

表示系统向设备下发命令。只有通过 MQTT.fx 软件订阅了该 topic，才可以接收到 OneNET 平台下发的命令。

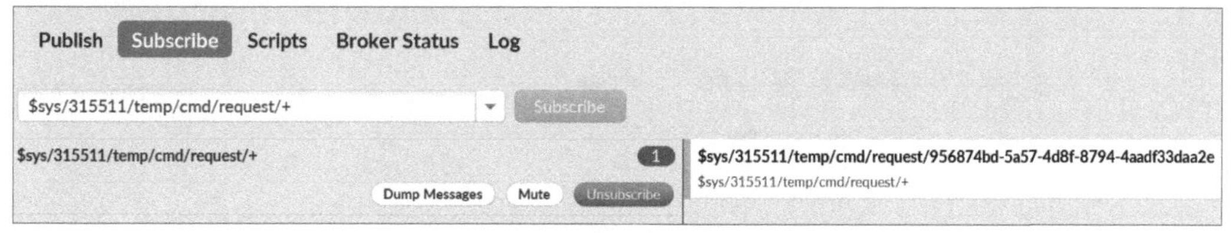

图 4-18　订阅系统下发命令的相关主题

其中，pid 用产品 ID 替换，device-name 用设备名称替换，cmdid 为平台为该命令自动创建的唯一标识。此处推荐设备采用通配符的方式，如+或#，进行多个命令请求的消息订阅，+表示单层的所有消息，#表示多层的所有消息。订阅参数必须修改正确，如果不正确，则系统会自动断开连接。

除了上述 topic，OneNET 平台还提供了几类与设备命令相关的 topic，如表 4-3 所示。

表 4-3 与设备命令相关的 topic

topic	用 途	QoS	订 阅	发 布
$sys/{pid}/{device-name}/cmd/request/{cmdid}	系统向设备下发命令	0	√	
$sys/{pid}/{device-name}/cmd/response/{cmdid}	设备回复命令应答	0/1		√
$sys/{pid}/{device-name}/cmd/response/{cmdid}/accepted	系统回复"设备命令应答成功"	0	√	
$sys/{pid}/{device-name}/cmd/response/{cmdid}/rejected	系统回复"设备命令应答失败"	0	√	

（2）在订阅完成后，从 OneNET 平台进行命令下发，如图 4-19 所示，选择该设备下的“更多操作”→“下发命令”选项。

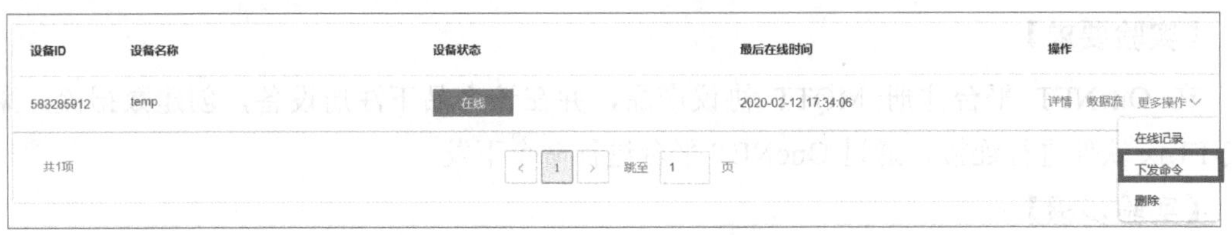

图 4-19 进行命令下发

如图 4-20 所示，设置下发命令的参数，包括“命令内容”和“超时时间”。

命令内容有两种形式，可以是字符串，也可以是十六进制数。本实验发送命令内容为字符串 hello。

超时时间范围为 5～30 秒，在这一时间范围内，平台接收来自设备的反馈信息，若未收到反馈信息，则会提示错误，但并不表示命令下发一定未成功。

图 4-20 设置下发命令的参数

（3）在命令下发后，在设备端查看接收到的内容，如图 4-21 所示。从图 4-21 中可以看出，MQTT.fx 模拟器接收到了来自平台的字符串 hello。

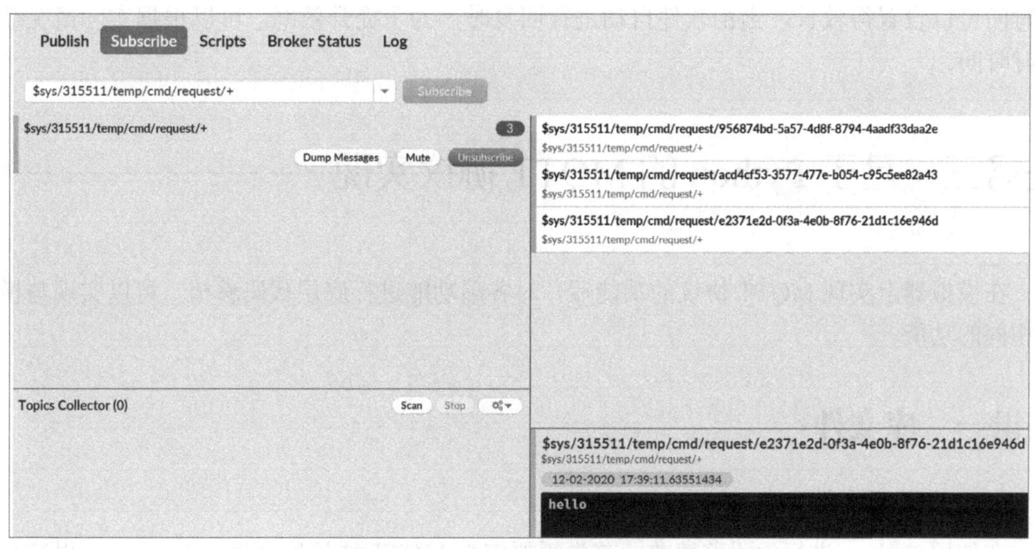

图 4-21 设备端接收到的内容

在平台端查看，会显示响应超时的错误提示，具体如下：

```
{
   "errno": 15,
   "error": "cmd timeout"
}
```

原因在于，模拟器在接收到信息后，未给平台发送任何反馈信息，因此，平台在设定的超时时间范围内未收到反馈信息的情况下，就认为响应超时。

（4）模拟器给出反馈。

当平台向设备下发命令后，模拟器会收到一条以命令 ID 结尾的信息：

```
$sys/315511/temp/cmd/request/e2371e2d-0f3a-4e0b-8f76-21d1c16e946d
```

单击 Publish 按钮，输入以该 ID 为结尾的信息发布命令，然后向平台端发送该条命令的反馈结果：

```
$sys/315511/temp/cmd/response/e2371e2d-0f3a-4e0b-8f76-21d1c16e946d
```

此时，在 OneNET 平台中进行查看，可以看到如下响应信息：

```
{
   "errno": 0,
   "error": "success",
   "data": {
      "cmd_uuid": "e2371e2d-0f3a-4e0b-8f76-21d1c16e946d",
      "cmd_resp": null
   }
}
```

表明成功接收到该 ID 的设备的反馈信息。值得注意的是，给出反馈的发布信息，必须在设定的超时时间范围内完成。在采用模拟器进行模拟时，由于操作时间超长，下发设定的超时时间可以设置得较长。当由软件自动进行回复时，为了提升效率，可以根据实际情况缩短超时时间。

任务三　基于 Python 的 MQTT 协议实现

在模拟器上实现 MQTT 协议的功能后，对各项功能进行底层代码移植，可以实现与模拟器相同的功能。

知识一　库文件

一、安装库文件

在使用 Python 进行代码移植前，首先需要安装 MQTT 协议库文件 paho-mqtt，以减少开发工作量。

（1）在 Windows 系统下，打开 cmd 命令提示符界面。

（2）进入 Python 软件的安装盘，以 F 盘为例，输入 F:，然后按 Enter 键。如果安装在 C 盘，则不用进行该步骤。

（3）打开 Python 安装文件夹，进入 Scripts 文件夹。复制安装文件路径 F:\Python\Scripts，该安装路径应当根据实际安装路径进行设置，建议在安装时设置为容易查找的文件夹。

（4）在 cmd 命令提示符界面输入以下格式的命令：cd 安装文件夹，并按 Enter 键。例如：

```
cd F:\Python\Scripts
```

（5）使用 pip install paho-mqtt 或 pip3 install paho-mqtt 命令进行库文件安装，并等待安装完毕。在安装完毕后，会提示 Successfully installed。

二、库文件常用函数

安装完的库文件被存放在\Python36\Lib\site-packages\paho\mqtt 文件夹中，该文件夹包含的文件如图 4-22 所示。

名称	修改日期	类型	大小
pycache	2020/3/28 15:56	文件夹	
init	2019/10/31 4:55	JetBrains PyCharm ...	1 KB
client	2019/10/31 4:55	JetBrains PyCharm ...	148 KB
matcher	2019/10/31 4:55	JetBrains PyCharm ...	3 KB
packettypes	2019/10/31 4:55	JetBrains PyCharm ...	2 KB
properties	2019/10/31 4:55	JetBrains PyCharm ...	17 KB
publish	2019/10/31 4:55	JetBrains PyCharm ...	10 KB
reasoncodes	2019/10/31 4:55	JetBrains PyCharm ...	9 KB
subscribe	2019/10/31 4:55	JetBrains PyCharm ...	11 KB
subscribeoptions	2019/10/31 4:55	JetBrains PyCharm ...	5 KB

图 4-22　库文件夹

其中，大多数开发工作主要在客户端进行，涉及的核心文件为 client，该文件定义了客户端的主要操作，具体涉及以下几种函数。

- connect() / connect_async()：建立连接。
- loop()：保持与服务器的连接。
- subscribe()：订阅主题并接收消息。
- unsubscribe()：取消订阅主题。
- publish()：发布消息。
- disconnect()：断开连接。

在执行操作后，一般会调用回调函数，打印系统反馈信息，常见的回调函数如下所述。

- on_connect()：连接是否成功。
- on_message()：在收到客户端订阅的主题发出信息后调用。
- on_subscribe()：在订阅主题后，服务器给出响应时调用。
- on_unsubscribe()：在取消订阅主题，服务器给出响应时调用。
- on_publish()：不同级别的 QoS 在发布信息后调用。
- on_disconnect()：断开状态。
- on_log()：调用日志。

实验一　建立连接

【实验目的】

（1）掌握 MQTT 协议建立连接的 Python 移植方法。

（2）掌握 Python 的常用命令及代码解读。

【实验设备】

（1）一台 PC，可连接 Internet。

（2）Python 软件、PyCharm 编程环境。

【实验要求】

针对 OneNET 平台现有的 MQTT 设备，使用 Python 实现设备与 OneNET 平台的连接。

【实验步骤】

一、建立连接

1. 新建客户端

在建立客户端连接前，首先需要新建一个 MQTT 的客户端。在导入 paho-mqtt 库文件后，可以调用如下函数新建客户端：

```
    client=mqtt.Client(client_id=auth_info, clean_session = True, userdata =
None, protocol=mqtt.MQTTv311, transport = "tcp")
```

其中，各参数含义如下所述。

- client_id：客户端 ID，此处一般采用设备 ID。

- clean_session：表示客户端类型的布尔值。在该值为 True 时，服务器将在断开连接时删除有关此客户端的所有信息。在该值为 False 时，表示客户端是持久客户端，当客户端断开连接时，将保留订阅信息和排队消息。
- userdata：用户定义的任何类型的数据。
- protocol：MQTT 协议版本，可以是 MQTTv31 或 MQTTv311。
- transport：连接方式，可以设置为 websockets 或 tcp，默认值为 tcp。

2．安全鉴权

在客户端建立后，调用与安全设置相关的函数，对证书及用户名、密码等进行鉴权和加密。

采用证书进行 SSL/TLS 加密，需要将证书文件放入同一项目下，并存储在与程序文件相同的文件夹内，采用如下代码进行证书导入：

```
client.tls_set(ca_certs='serverCert.pem', cert_reqs=CERT_REQUIRED)
client.tls_insecure_set(True)
```

除了采用证书，网站还需要通过用户名、密码对设备进行认证，本项目均采用产品 ID 和 token 的组合进行鉴权，示例代码如下：

```
client.username_pw_set(username=product_id, password=api_token)
```

值得注意的是，计算 token 有不同的方式，在具体执行前，一般需要查阅开发者文档，明确 token 的计算方式后，进行计算。

3．建立连接

库函数通过如下代码，简单地实现客户端与服务器的连接：

```
client.connect(host=host, port=port, keepalive=30)
```

其中，host 为服务器地址，port 为服务器端口，keepalive 为保活时间。

二、调用回调函数

当建立连接后，服务器会向客户端反馈信息，此时会调用 on_connect()函数。在调用前，首先需要对函数功能进行定义，一般回调函数可以打印系统反馈信息，便于在不登录 OneNET 平台的情况下，了解连接建立情况，示例代码如下：

```
def on_connect(client, userdata, flags, rc):
    print(mqtt.connack_string(rc) + ' rc: %s' % rc)
```

该函数包含 4 个参数，其中 client 和 rc 为常用参数。

- client：表示回调的客户端。
- rc：表示连接结果。一般 rc 为 0，表示连接成功。rc 为 1～5，表示连接失败：1 表示协议版本有错；2 表示客户端标识符无效；3 表示服务器不可用；4 表示用户名或密码错误；5 表示未授权。

在定义函数后，通过如下代码调用回调函数：

```
client.on_connect = on_connect
```

三、保持连接

在建立连接后，一般采用 loop()函数来保持该连接时刻处于工作状态，当网络联通后，立即开始工作。常用的保持连接的函数包括以下几个。

1．loop(timeout=1.0, max_packets=1)函数

通常调用该函数来等待网络连接可用后，处理与网络的数据交互。其中，timeout 表示等待时间，单位为秒，该时长不超过 client 的 keepalive 值。

2．loop_start()、loop_stop()函数

调用 loop_start()函数，会在建立一个线程并连接后自动调用 loop()函数。调用 loop_stop()函数，可以停止后台线程。

3．loop_forever()、disconnect()函数

调用 loop_forever()函数，会自动处理重新连接，在调用 disconnect()函数之前一直保持工作状态。

在本书中，通过调用 client.loop_start()函数来维持工作状态。

同时，通过设置循环来保持长连接，代码如下：

```
while True:
    time.sleep(1)
```

在未设置循环时，程序执行完就立即退出。在平台端查询设备状态时，仅能维持很短的在线时间，大部分时间处于离线状态，不符合 MQTT 协议长连接的特点。

四、参考代码

```
import paho.mqtt.client as mqtt
import time
import base64
import hmac
from urllib.parse import quote
from _ssl import CERT_NONE, CERT_OPTIONAL, CERT_REQUIRED

#定义 token 计算函数
def token(product_id, access_key, auth_info=None):
    version = '2018-10-31'
    if auth_info:
        res = 'products/%s/devices/%s' % (product_id, auth_info)
    else:
        res = 'products/%s' % (product_id)
    et = str(int(time.time()) + 3600)
    method = 'sha1'
    key = base64.b64decode(access_key)
    org = et + '\n' + method + '\n' + res + '\n' + version
    b = hmac.new(key=key, msg=org.encode(), digestmod=method)
    sign = base64.b64encode(b.digest()).decode()
    sign = quote(sign, safe='')
    res = 'res=%s' % res
    sign = 'sign=%s' % sign
    et = 'et=%s' % et
```

```
        method = 'method=%s' % method
        version = 'version=%s' % version
        list_token = [res, sign, et, method, version]
        token = '&'.join(list_token)
        return token
    #定义回调函数
    def on_connect(client, userdata, flags, rc):
        #打印连接状态
        print(mqtt.connack_string(rc) + ' rc: %s' % rc)

    if __name__ == '__main__':
        host = '183.230.40.16'
        port = 8883
        access_key = 'xxxxx'      #设备 key
        auth_info = 'temp'        #设备名称 client_id
        product_id = 'xxxxxx'     #产品 ID username
        #计算 token
        api_token = token(product_id,access_key,auth_info)
        print(api_token)
        #创建客户端
        client=mqtt.Client(client_id=auth_info, protocol=mqtt.MQTTv311)
        #调用连接回调函数
        client.on_connect = on_connect
        #设置证书认证
        client.tls_set(ca_certs='serverCert.pem', cert_reqs=CERT_REQUIRED)
        client.tls_insecure_set(True)
        #设置用户名、密码
        client.username_pw_set(username=product_id, password=api_token)
        #建立连接
        client.connect(host=host, port=port, keepalive=30)
        client.loop_start()
        while True:
            time.sleep(1)
```

运行上述代码，得到如下运行结果：

```
    res=products/315511/devices/temp&sign=3IFDiboQdjuF5UM%2Bl6YHfhZAZrM%3D&et=
1585566769&method=sha1&version=2018-10-31
    Connection Accepted. rc: 0
```

第一条信息表示 token，第二条信息表示连接成功。

实验二　发布信息

【实验目的】

（1）掌握 MQTT 协议发布信息的 Python 移植方法。

（2）掌握 Python 的常用命令及代码解读。

【实验设备】

（1）一台 PC，可连接 Internet。

（2）Python 软件、PyCharm 编程环境。

【实验要求】

针对 OneNET 平台现有的 MQTT 设备，使用 Python 实现设备端信息发布。

【实验步骤】

一、建立连接

按照上述步骤，建立客户端与服务器的连接，并通过回调函数打印连接结果。

二、发布数据

1. 选择 topic

发布数据需要找到对应的系统 topic，在模拟器进行调试的过程中，已经查阅过相关 topic，发布数据采用如下 topic：

```
$sys/{pid}/{device-name}/dp/post/json
```

2. 构建上传的数据流

数据流采用 JSON 数据流，需要使用 import json 命令导入 JSON 库函数。以上传数据 num 至数据流 temperature 为例，构建如下数据流：

```
body = {
            "id": 123,
            "dp": {
                "temperature": [{
                    "v": num,
                }]
            }
        }
```

3. 发布数据

调用如下函数，实现数据点发布：

```
publish(topic, payload, qos, retain)
```

该函数包含 4 个参数，需要重点设置前 3 项参数。

- topic：表示发布信息的主题。
- payload：表示要发布的具体信息。
- qos：表示服务质量，分别为 0、1、2 三种级别。

示例代码如下：

```
client.publish(pub_topic, json.dumps(body), qos=0)
```

4. 参考代码

采用 QoS0 级别，实现数据上传且数据只发送一次，代码如下：

```
import paho.mqtt.client as mqtt
import time
import base64
import hmac
from urllib.parse import quote
from _ssl import CERT_NONE, CERT_OPTIONAL, CERT_REQUIRED
import json
#定义 token 计算函数，此处省略 token 定义函数的具体代码，与上述相同
def token(product_id, access_key, auth_info=None):
    ……
#定义连接回调函数
def on_connect(client, userdata, flags, rc):
    print(mqtt.connack_string(rc) + ' rc: %s' % rc)

if __name__ == '__main__':
    host = '183.230.40.16'
    port = 8883
    access_key = 'xxxxx'      #设备 key
    auth_info = 'temp'        #设备名称 client_id
    product_id = 'xxxxxx'     #产品 ID username
    #计算 token
    api_token = token(product_id,access_key,auth_info)
    print(api_token)
    #新建 MQTT 连接
    client=mqtt.Client(client_id=auth_info, protocol=mqtt.MQTTv311)
    #调用连接回调函数
    client.on_connect = on_connect
    #设置证书认证
    client.tls_set(ca_certs='serverCert.pem', cert_reqs=CERT_REQUIRED)
    client.tls_insecure_set(True)
    #设置用户名、密码
    client.username_pw_set(username=product_id, password=api_token)
    #建立连接
    client.connect(host=host, port=port, keepalive=30)
    client.loop_start()

    while True:
        num=20
        #定义数据流，id 为 123，数据流名称为 temperature，值为 num
        body = {
            "id": 123,
            "dp": {
                "temperature": [{
                    "v": num,
```

```
                }]
            }
        }
        #定义发布信息的 topic
        pub_topic = '$sys/%s/%s/dp/post/json' % (product_id, auth_info)
        print(pub_topic)
        print('dp: temperature -> %s' % num)
        #发布信息
        client.publish(pub_topic, json.dumps(body), qos=0)
        time.sleep(10)
```

运行上述代码，得到如下运行结果：

```
    res=products/315511/devices/temp&sign=dQW8WHtc4C%2BcOuUyJFfjzNCzzso%3D&et=
1585619472&method=sha1&version=2018-10-31
    Connection Accepted. rc: 0
    $sys/315511/temp/dp/post/json
    dp: temperature -> 30
```

第一条信息表示 token，第二条信息表示连接成功，第三条信息表示发布数据的系统 topic，第四条信息表示数据流的名称和值。

实验三　订阅主题/取消订阅

【实验目的】

（1）掌握 MQTT 协议订阅主题/取消订阅的 Python 移植方法。

（2）掌握 Python 的常用命令及代码解读。

【实验设备】

（1）一台 PC，可连接 Internet。

（2）Python 软件、PyCharm 编程环境。

【实验要求】

针对 OneNET 平台现有的 MQTT 设备，使用 Python 实现设备端订阅平台开放权限的主题订阅。

【实验步骤】

一、建立连接并发布数据

按照上述步骤，建立客户端与服务器的连接，并通过回调函数打印连接结果。通过调用 publish()函数上传数据至云平台。

二、订阅主题

1．选择 topic

为了能在底层程序端直接查看数据上传是否成功，可订阅如下 topic：

```
$sys/{pid}/{device-name}/dp/post/json/accepted
$sys/{pid}/{device-name}/dp/post/json/rejected
```

上述 topic 分别表示系统通知“设备上传数据点成功”和“设备上传数据点失败”。

2．订阅 topic

调用如下函数，实现主题订阅：

```
subscribe(topic, qos)
```

该函数包含两个参数，如下所述。

- topic：表示订阅的主题。
- qos：表示服务质量，分别为 0、1、2 三种级别。

示例代码如下：

```
client.subscribe('$sys/%s/%s/dp/post/json/+'  %  (product_id,  auth_info),
qos=0)
```

在该示例中，用通配符+表示订阅该层多个主题。

三、调用回调函数

在收到客户端订阅主题的消息后，通常会调用 on_message()函数来打印接收到的反馈信息。在调用前，会对该函数的具体执行内容进行定义，代码如下：

```
def on_message(client, userdata, msg):
    print('ON_MESSAGE: ' + msg.topic + " ", msg.payload)
```

该函数包含 3 个参数，如下所述。

- client：表示回调的客户端。
- userdata：表示设置的私有数据。
- msg：表示接收到的消息的具体内容。

在定义函数后，通过如下代码进行函数调用：

```
client.on_message = on_message
```

四、取消订阅

调用如下函数，实现数据点发布：

```
unsubscribe (topic, qos)
```

该函数包含 2 个参数，如下所述。

- topic：表示订阅的主题。
- qos：表示服务质量，分别为 0、1、2 三种级别。

示例代码如下：

```
client.unsubscribe('$sys/%s/%s/dp/post/json/+'  %  (product_id,  auth_info),
qos=0)
```

五、参考代码

以下代码实现建立连接后直接订阅数据上传的反馈信息，当发布数据后，将收到数据发布是否成功的反馈信息：

```
import paho.mqtt.client as mqtt
import time
import base64
import hmac
from urllib.parse import quote
from _ssl import CERT_NONE, CERT_OPTIONAL, CERT_REQUIRED
import json
#定义 token 计算函数，此处省略 token 定义函数的具体代码，与上述相同
def token(product_id, access_key, auth_info=None):
    ……
#定义连接回调函数
def on_connect(client, userdata, flags, rc):
    print(mqtt.connack_string(rc) + ' rc: %s' % rc)
    #当连接成功后，订阅主题
    if rc == 0:
        client.subscribe('$sys/%s/%s/dp/post/json/+' % (product_id, auth_info),
qos=0)
#定义消息回调函数，打印接收到的消息
def on_message(client, userdata, msg):
    print('ON_MESSAGE: ' + msg.topic + " ", msg.payload)

if __name__ == '__main__':
    host = '183.230.40.16'
    port = 8883
    access_key = 'xxxxx'     #设备 key
    auth_info = 'temp'       #设备名称 client_id
    product_id = 'xxxxxx'    #产品 ID username
    #计算 token
    api_token = token(product_id,access_key,auth_info)
    print(api_token)
    #建立连接
    client=mqtt.Client(client_id=auth_info, protocol=mqtt.MQTTv311)
    client.on_connect = on_connect
    client.on_message = on_message
    client.tls_set(ca_certs='serverCert.pem', cert_reqs=CERT_REQUIRED)
    client.tls_insecure_set(True)
    client.username_pw_set(username=product_id, password=api_token)
    client.connect(host=host, port=port, keepalive=30)
    client.loop_start()

    while True:
        #定义数据流
```

```
        num=20
        body = {
            "id": 123,
            "dp": {
                "temperature": [{
                    "v": num,
                }]
            }
        }
        #发布信息
        pub_topic = '$sys/%s/%s/dp/post/json' % (product_id, auth_info)
        print(pub_topic)
        print('dp: temperature -> %s' % num)
        client.publish(pub_topic, json.dumps(body), qos=0)
        time.sleep(10)
```

运行上述代码，得到如下运行结果：

```
    res=products/315511/devices/temp&sign=K61CHEOk7UYferWvUdlQXg%2FfNac%3D&et=
1585626059&method=sha1&version=2018-10-31
    Connection Accepted. rc: 0
    $sys/315511/temp/dp/post/json
    dp: temperature -> 20
    ON_MESSAGE: $sys/315511/temp/dp/post/json/accepted  b'{"id":123}'
```

第一条信息表示 token，第二条信息表示连接成功，第三条信息表示发布数据的系统 topic，第四条信息表示数据流的名称和值，第五条信息表示收到的订阅信息反馈，表示 id 为 123 的信息上传成功。

实验四　接收平台下发命令

【实验目的】

（1）掌握 MQTT 协议设备端接收平台命令的 Python 移植方法。

（2）掌握 Python 的常用命令及代码解读。

【实验设备】

（1）一台 PC，可连接 Internet。

（2）Python 软件、PyCharm 编程环境。

【实验要求】

针对 OneNET 平台现有的 MQTT 设备，使用 Python 实现设备端接收平台下发的命令。

【实验步骤】

一、建立连接

按照上述步骤，建立客户端与服务器的连接，并通过回调函数打印连接结果。

二、接收平台命令

1. 选择 topic

为了接收平台下发的命令，可订阅如下 topic：

```
$sys/{pid}/{device-name} /cmd/#
```

该 topic 表示系统向设备下发命令的所有相关主题。

2. 订阅 topic

调用 subscribe(topic, qos)函数进行 topic 订阅，示例代码如下：

```
client.subscribe('$sys/%s/%s/cmd/#' % (product_id, auth_info), qos=0)
```

3. 平台下发命令

在订阅完成后，从 OneNET 平台进行命令下发，选择该设备下的“更多操作”→“下发命令”选项。设置下发命令参数，包括“命令内容”和“超时时间”，如图 4-23（a）所示。

在超时时间范围内，平台会接收来自设备的反馈信息，若未收到反馈信息，则会提示错误，如图 4-23（b）所示，但并不表示下发命令未成功。

（a）下发命令参数

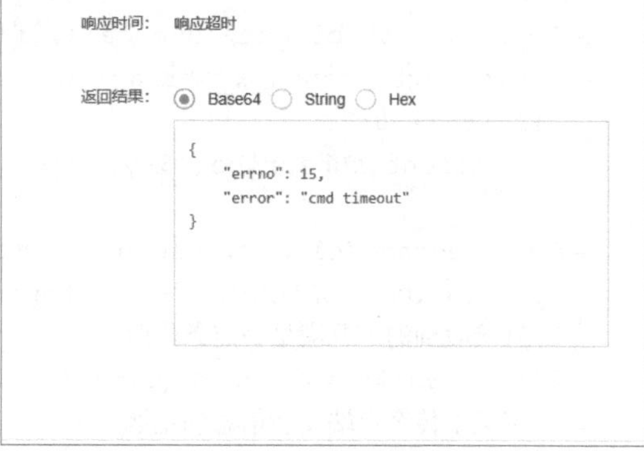

（b）反馈信息

图 4-23　平台下发命令

4. 客户端接收命令

当建立连接后，客户端接收到订阅主题，也就是平台向设备下发的命令后，通过调用 on_message()函数打印接收到的命令。示例代码如下：

```
def on_message(client, userdata, msg):
    print('ON_MESSAGE: ' + msg.topic + " ", msg.payload)
```

该代码表示，将主题及主题的内容进行打印。在打印信息中，包含该条命令对应的 ID。

三、客户端向服务器发送反馈信息

调用 publish()函数向平台发送接收命令后的反馈信息：

```
publish(topic, payload, qos, retain)
```

其中，参数设置如下所述。

- topic：$sys/{pid}/{device-name}/cmd/response/{cmdid}，其中 cmdid 为命令 ID。
- payload：接收到的平台下发命令。

示例代码如下：

```
$sys/315511/temp/cmd/response/955b7410-962b-4c73-861a-7ca7072b5087
```

四、参考代码

```
import paho.mqtt.client as mqtt
import time
import base64
import hmac
from urllib.parse import quote
from _ssl import CERT_NONE, CERT_OPTIONAL, CERT_REQUIRED
import json
import requests

#定义token计算函数，此处省略token定义函数的具体代码，与上述相同
def token(product_id, access_key, auth_info=None):
    ……
def on_connect(client, userdata, flags, rc):
    print(mqtt.connack_string(rc) + ' rc: %s' % rc)
    if rc == 0:
        client.subscribe('$sys/%s/%s/cmd/#' % (product_id, auth_info), qos=0)

def on_message(client, userdata, msg):
    print('ON_MESSAGE: ' + msg.topic + " ", msg.payload)
    #当接收到的主题满足一定条件时
    if '$sys/%s/%s/cmd/request/' % (product_id, auth_info) in msg.topic:
    #定义上传客户端反馈信息的主题
        cmd_resp_topic = '$sys/%s/%s/cmd/response/' % (product_id, auth_info)
        #提取cmd_id和接收到的内容
        cmd_id = msg.topic.split('/')[-1]
        topic = cmd_resp_topic + cmd_id
        #上传反馈信息至平台
        client.publish(topic, msg.payload)
        time.sleep(5)

if __name__ == '__main__':
    host = '183.230.40.16'
    port = 8883
    access_key = 'xxxxx'      #设备key
    auth_info = 'temp'        #设备名称 client_id
    product_id = 'xxxxxx'     #产品ID username
    #计算token
    api_token = token(product_id,access_key,auth_info)
    print(api_token)
    #建立连接
    client=mqtt.Client(client_id=auth_info, protocol=mqtt.MQTTv311)
```

```
    client.on_connect = on_connect
    client.on_message = on_message
    client.tls_set(ca_certs='serverCert.pem', cert_reqs=CERT_REQUIRED)
    client.tls_insecure_set(True)
    client.username_pw_set(username=product_id, password=api_token)
    client.connect(host=host, port=port, keepalive=30)
    client.loop_start()

    while True:
       time.sleep(1)
```

运行上述代码，并从平台下发字符串 234，得到如下运行结果：

```
res=products/315511/devices/temp&sign=AnKuXXD03YRYTlKNl%2FSmrfUJ58g%3D&et=1585637931&method=sha1&version=2018-10-31
Connection Accepted. rc: 0
ON_MESSAGE:   $sys/315511/temp/cmd/request/14b71707-428a-4d20-9323-a56464c95dee b'324'
ON_MESSAGE: $sys/315511/temp/cmd/response/14b71707-428a-4d20-9323-a56464c95dee/accepted b''
```

第一条信息表示 token，第二条信息表示连接成功，第三条信息表示收到的平台下发的内容，具体包括 topic 和平台下发的内容。

- 14b71707-428a-4d20-9323-a56464c95dee：表示该命令的 ID。
- b'234'：表示接收到的命令，b 为标识符。

第四条信息表示平台接收到反馈后，平台给客户端的反馈，此处 accepted 表示设备命令应答成功。

登录 OneNET 平台，可以看到如下信息：

```
{
   "errno": 0,
   "error": "success",
   "data": {
      "cmd_uuid": "14b71707-428a-4d20-9323-a56464c95dee",
      "cmd_resp": "MzI0"
   }
}
```

表示客户端成功接收到平台下发的命令。

任务四　基于 MQTT 协议的温湿度监测系统设计

本项目重在学习 MQTT 协议的应用，在底层硬件方面进行了弱化，采用了与 EDP 协议相同的配置，便于进行不同协议的对比。在完成以下任务后，可以通过搭配不同的传感器、外设来实现不同的功能并进行拓展，差异仅在于采集数据的流程，以及上传数据点的数值。

实验一　基于树莓派的温湿度监测系统

【实验目的】

（1）掌握 Python 进行 MQTT 协议综合应用开发的方法。

（2）掌握树莓派采集 DHT11 温湿度并通过 MQTT 协议进行上传的方法。

【实验设备】

（1）一台树莓派。

（2）一套显示器、键盘、鼠标。

（3）一个 DHT11 传感器、若干杜邦线。

【实验要求】

在树莓派采集 DHT11 温湿度的基础上，使用 Python 将采集到的信息发布至云平台。

【实验步骤】

一、硬件连线

在发布/订阅模式的系统开发中，一个发布者发布的信息，可以被多个订阅者订阅。在新版本的 MQTT 协议中，不支持一对多形式的订阅。在本实验中，发布者自己订阅该主题，并接收信息推送。

在本实验中，主要采用树莓派收集 DHT11 采集到的温湿度。树莓派的硬件连线如图 4-24 所示。

图 4-24　树莓派的硬件连线

二、安装库函数

在树莓派系统中，同样需要安装 paho-mqtt 库文件。打开 LX 终端，输入 pip3 install paho-mqtt 进行 paho-mqtt 库文件安装，安装过程如图 4-25 所示。

```
pi@raspberrypi:~ $ pip3 install paho-mqtt
Looking in indexes: https://pypi.org/simple, https://www.piwheels.org/simple
Collecting paho-mqtt
  Downloading https://www.piwheels.org/simple/paho-mqtt/paho_mqtt-1.5.0-py3-none
-any.whl (61kB)
    100% |████████████████████████████████| 61kB 6.8kB/s
Installing collected packages: paho-mqtt
Successfully installed paho-mqtt-1.5.0
```

图 4-25　paho-mqtt 库文件安装过程

三、系统的数据发布流程

系统的数据发布流程如图 4-26 所示。

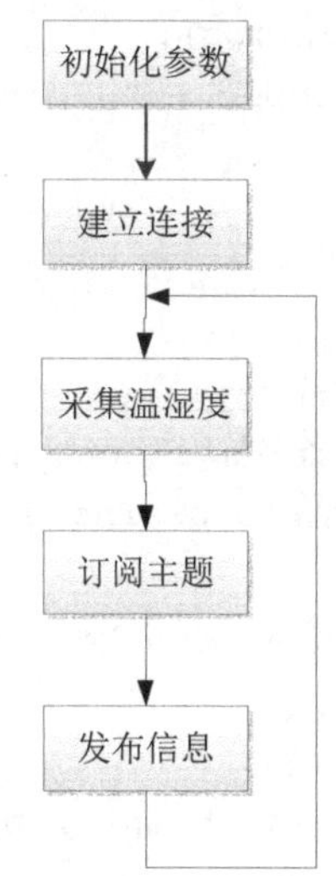

图 4-26　数据发布流程

四、参考代码

在如下代码的横线处自行填写代码的功能注释：

```
import paho.mqtt.client as mqtt
import time
import base64
import hmac
from urllib.parse import quote
from _ssl import CERT_NONE, CERT_OPTIONAL, CERT_REQUIRED
import json
import Adafruit_DHT
#定义传感器
sensor = Adafruit_DHT.DHT11
gpio = 18

#定义 token 计算函数，此处省略 token 定义函数的具体代码，与上述相同
def token(product_id, access_key, auth_info=None):
    ......
```

```
#定义回调函数功能
def on_connect(client, userdata, flags, rc):
    #计算 token
    print(mqtt.connack_string(rc) + ' rc: %s' % rc)
    if rc == 0:

        #________________________________________________
        client.subscribe('$sys/%s/%s/dp/post/json/+' % (product_id, auth_info),
qos=0)

def on_message(client, userdata, msg):
    print('ON_MESSAGE: ' + msg.topic + " ", msg.payload)

if __name__ == '__main__':
    host = '183.230.40.16'
    port = 8883
    access_key = 'xxxxx'      #设备 key
    auth_info = 'temp'        #设备名称 client_id
    product_id = 'xxxxxx'     #产品 ID username
    #计算 token
    api_token = token(product_id,access_key,auth_info)
    print(api_token)

    client=mqtt.Client(client_id=auth_info, protocol=mqtt.MQTTv311)
    client.on_connect = on_connect
    client.on_message = on_message
    client.tls_set(ca_certs='serverCert.pem', cert_reqs=CERT_REQUIRED)
    client.tls_insecure_set(True)
    client.username_pw_set(username=product_id, password=api_token)
    client.connect(host=host, port=port, keepalive=30)
    client.loop_start()

    while True:
        time.sleep(1)

        #________________________________________________
        humidity, temperature = Adafruit_DHT.read_retry(sensor, gpio)

        #________________________________________________
        body = {
            "id": 123,
            "dp": {
                "temperature": [{
                    "v": temperature,
```

```
        }],
        "humidity":[{
            "v": humidity,
        }]
    }
}

#
pub_topic = '$sys/%s/%s/dp/post/json' % (product_id, auth_info)
print(pub_topic)

#
print('dp: temperature -> %s' % temperature)
print('dp: humidity -> %s' % humidity)

#
client.publish(pub_topic, json.dumps(body), qos=0)

time.sleep(10)
```

五、自行制作轻应用

实验二　基于树莓派的远程 LED 控制系统

【实验目的】

（1）掌握 Python 进行平台命令下发的解析。

（2）掌握 Python 根据解析命令实现 LED 灯简单逻辑控制。

【实验设备】

（1）一台树莓派。

（2）一套显示器、键盘、鼠标。

（3）LED 灯、若干杜邦线。

【实验要求】

使用 Python，基于 MQTT 协议实现与云平台的连接，OneNET 平台下发命令，树莓派接收命令并解析，并通过 GPIO 口控制 LED 灯的亮暗。在 OneNET 平台建立轻应用，控制 LED 灯的亮暗。

【实验步骤】

一、硬件连线

本实验采用 GPIO26 口来控制 LED 灯的亮暗，树莓派的硬件连线如图 4-27 所示。

图 4-27 树莓派的硬件连线

二、获取平台下发命令

登录 OneNET 平台，在建立连接的 MQTT 设备列表中，找到已建立连接的设备，选择“更多操作”→“下发命令”选项。填写下发命令参数：“命令内容”为字符串 1，“超时时间”为 10。

三、参考代码

在如下代码的横线处自行填写代码的功能注释：

```
import paho.mqtt.client as mqtt
import time
import base64
import hmac
from urllib.parse import quote
from _ssl import CERT_NONE, CERT_OPTIONAL, CERT_REQUIRED
import RPi.GPIO as GPIO              #导入函数
#设置 GPIO 口
Out1=26                              #设置 GPIO 端口号
GPIO.setmode(GPIO.BCM)               #设置 GPIO 模式
GPIO.setup(Out1, GPIO.OUT)           #设置输出

#定义 token 计算函数，此处省略 token 定义函数的具体代码，与上述相同
def token(product_id, access_key, auth_info=None):
……
def on_connect(client, userdata, flags, rc):
    print(mqtt.connack_string(rc) + ' rc: %s' % rc)
    if rc == 0:

        #______________________________________________________
        client.subscribe('$sys/%s/%s/cmd/#' % (product_id, auth_info), qos=0)
```

```
def on_message(client, userdata, msg):
    print('ON_MESSAGE: ' + msg.topic + " ", msg.payload)

    #________________________________________________
    if '$sys/%s/%s/cmd/request/' % (product_id, auth_info) in msg.topic:

        #________________________________________________
        cmd_resp_topic = '$sys/%s/%s/cmd/response/' % (product_id, auth_info)
        cmd_id = msg.topic.split('/')[-1]
        topic = cmd_resp_topic + cmd_id

        #________________________________________________
        client.publish(topic, msg.payload)

        #____________________________________________________
        if msg.payload==b'1':
            GPIO.output(Out1, GPIO.HIGH)
        else:
            GPIO.output(Out1, GPIO.LOW)
        time.sleep(5)

if __name__ == '__main__':
    host = '183.230.40.16'
    port = 8883
    access_key = 'xxxxx'     #设备 key
    auth_info = 'temp'       #设备名称 client_id
    product_id = 'xxxxxx'    #产品 ID username
    #计算 token
    api_token = token(product_id,access_key,auth_info)
    print(api_token)

    #________________________________________________
    client=mqtt.Client(client_id=auth_info, protocol=mqtt.MQTTv311)

    #________________________________________________
    client.on_connect = on_connect

    #________________________________________________
    client.on_message = on_message
    client.tls_set(ca_certs='serverCert.pem', cert_reqs=CERT_REQUIRED)
    client.tls_insecure_set(True)

    client.username_pw_set(username=product_id, password=api_token)

    #________________________________________________
```

```
client.connect(host=host, port=port, keepalive=30)
client.loop_start()

while True:
    time.sleep(1)
```

四、自行制作轻应用

思考与练习

1. 整理 MQTT 协议的常用函数。
2. 整理 MQTT 协议的常用回调函数。
3. 创建新版本的 MQTT 协议产品、设备、数据流。
4. 使用树莓派采集温湿度数据，采用 MQTT 协议上传至云平台，并创建折线图应用。
5. 通过云平台下发命令，控制树莓派点亮、关闭 LED 灯。
6. 向服务器发布错误格式的信息，订阅并记录反馈信息。
7. 采用一种传感器替换温湿度传感器，在采集数据后，采用 MQTT 协议发布数据。

项目五　基于 TCP 透传协议的工业信息化系统

项目概述

目前，DTU（Data Transfer Unit，数据传输单元）在工业能耗监测、电力监测、环保监测等行业被广泛应用，这类产品常常使用 4G、GPRS 等支持透传模式的通信模块，同时这类模块常常使用 TCP 透传协议连接云平台。本项目以 4G DTU 为例，通过 RS-232 接口进行信息采集，采用 TCP 透传协议将采集到的信息上传至云平台，并制作轻应用，对信息进行实时、远程监测。

知识目标

（1）掌握 TCP 透传协议

（2）掌握 Lua 脚本的作用及编写方式

（3）掌握基于 TCP 透传协议的信息上传、命令下发

技能目标

（1）能够编写 Lua 脚本

（2）能够使用调试软件进行 TCP 透传协议调试

（3）能够基于 4G DTU 进行接口数据采集

（4）能够基于 4G DTU 进行 TCP 透传协议数据上传、命令下发

任务一　认识 TCP 透传协议

知识一　TCP 透传协议

OneNET 平台提供了 TCP 数据透传功能，该功能旨在尽量弱化终端侧软件为了适配协议而进行的修改，将协议的解析功能放在了平台侧。TCP 透传协议可以更加方便用户终端接入云平台，为任何协议设备接入云平台提供了可行性。

TCP 透传协议的工作流程如图 5-1 所示，设备通过 TCP 连接接入 OneNET 平台，在认证成功后即可与 OneNET 平台进行数据交互。不同于 HTTP 或 MQTT 等对上传数据的格式有严格规定的协议，TCP 透传协议在 OneNET 平台通过用户上传的自定义 Lua 脚本来实现对设备上传数据的解析，以及向设备下发命令。

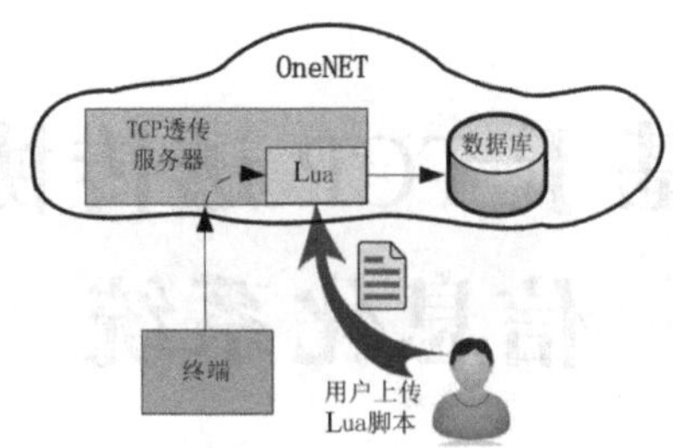

图 5-1 TCP 透传协议的工作流程

该协议具备以下功能特点：

- 长连接协议。
- 用户自定义脚本。
- 高灵活性。
- 支持一个连接传输多个设备数据。

TCP 透传协议的高灵活性决定了它不受约束，主要适用于用户自定义协议的情况，可以根据自身定义的脚本完成与任何协议的交互，并且支持脚本的随时更改、随时上传。该协议支持一个连接传输多个设备数据，可以集中地下挂多个设备进行数据上传与下发，在智能电表、智能水表等智能仪表领域有着广泛的应用。

知识二 Lua 脚本

Lua 脚本是由 Roberto Ierusalimschy、Waldemar Celes 和 Luiz Henrique de Figueiredo 等人于 1993 年开发的。该脚本是一种轻量级的脚本语言，采用标准的 C 语言进行编写。其设计目的是嵌入应用程序中，从而为应用程序提供灵活的扩展和定制功能。在 OneNET 平台中，TCP 透传协议将对数据的解析放在了平台侧，并且采用 Lua 脚本进行解析。用户可以根据自己的需求，自定义 Lua 脚本，实现所需要的功能。Lua 脚本的作用主要是让 OneNET 平台知道如何解析终端上传的数据。

OneNET 平台对 Lua 脚本的使用提出了一些限制，具体如表 5-1 所示。

表 5-1 OneNET 平台对 Lua 脚本的限制

限制项目	限制内容	超限说明
产品内脚本数量	最多 10 个	
脚本文件大小	小于 2MB	
单脚本运行内存	小于 100KB（脚本过于复杂，会丢失）	超出则丢弃数据
脚本单次执行时间	小于 2 毫秒（发送一长串，涉及校验、复杂逻辑等，可能会因为计算超时，单次超过 2 毫秒会丢失，适合透传，到终端、应用进行复杂逻辑计算和解析，涉及平台的仅适合透传，类似于中转）	超时则丢弃数据
流量限制	设备数据上/下行数据报文长度不超过 1k	超出则丢弃数据

在 Lua 脚本的编写过程中，需要满足一定的规则。

（1）函数定义。

函数起始：function 函数名（参数）。

函数结束：end。

（2）注释。

Lua 脚本采用 -- 进行注释。

（3）定义变量。

定义变量采用“local 变量名”的方式。

OneNET 平台的 TCP 透传协议一般至少包含两部分内容：解析底层设备上传至平台的数据，解析平台下发至设备的命令。

一、解析底层设备上传至平台的数据

上传数据至平台的示例代码如下：

```
function device_data_analyze(dev)
        local t = {}                                    --定义数据流
        local a = 0
        -- 添加用户自定义代码 --
        -- 例如： --
        local s = dev:size()                            --获取上行数据长度
        add_val(t,"ds_id",a,dev:bytes(1,s))             --添加到名为 ds_id 的数据流
        dev:response()                                  --设备响应成功
        dev:send("received")                            --发送应答信息
        return s,to_json(t)                             --保存该数据
end
```

具体子函数包括：与设备管理器（dev）相关的函数、将接收到的数据添加至数据流、将数据流转成 JSON 格式。

1．与设备管理器相关的函数

这部分函数不需要自定义，可以被直接调用。dev 提供以下几个函数。

- dev:response()：设备响应成功。

该函数没有参数及返回值。

示例代码如下：

```
dev:response()
```

- dev:send(data)：下发数据到设备。

data：格式为字符串，表示数据，使用 Lua 脚本转义字符串。

该函数无返回值。

示例代码如下：

```
dev:send("hello")
```

- dev:size()：获取设备数据大小。

该函数没有参数，返回值为设备数据大小，单位为字节。

示例代码如下：

```
local sz = dev:size()
```

2．将数据添加至数据流

调用 add_val()函数或 add_bin()函数实现将数据添加至数据流。

具体格式如下：

```
local ok = add_val(t, i, a, v, c)
```

其中，该函数包含 5 个参数，返回值为布尔值。

t：表示数据流，格式为 table，可将数据添加至名称为 t 的表格内。

i：表示数据流名称。

a：表示毫秒级时间戳，距离（00:00:00 UTC, January 1, 1970）的毫秒数。如果值为 0，表示使用当前时间。

v：表示添加至数据流的内容，类型可以为布尔值、数值、字符串、JSON。

c：用于标识数据点归属，也就是设备 AuthCode，该参数为可选参数。如果值为""或 nil，表示数据点属于建立 TCP 连接的设备。

示例代码如下：

```
local ok = add_val(t,"dsname",0,100)
```

表示将 100 添加至名称为 dsname 的数据流。

该函数不是与设备管理器相关的函数，需要自定义函数体以实现目标功能。

3．将数据流转成 JSON 格式

调用 to_json(t)函数将数据流的内容序列化成 JSON 字符串。

具体格式如下：

```
local json = to_json(t)
```

表示将数据流 t 的内容转换成 JSON 格式的序列化字符串，返回值为 json，参数为 t。同样地，该函数也需要自定义函数体以实现目标功能。

二、解析平台下发至设备的命令

下发命令至设备的示例代码如下：

```
function device_timer_init(dev)
        -- 添加用户自定义代码 --
        -- 例如： --
        dev:timeout(3)                          --响应超时时间为 3 秒
        dev:add(10,"ds_test","hello")           --每 10 秒下发一次命令，命令内容为 hello
        dev:set_keep_alive(60)
        dev:send("Login ok!")
end
```

具体子函数包括以下与设备管理器（dev）相关的函数。

- dev:add(interval,name,data)：定时下发命令。

该函数表示添加定时下发命令。其中，参数定义及类型如下所述。

interval：格式为数值，表示命令下发的时间间隔，单位为秒。命令下发的时间间隔不能小于 1 秒。

name：格式为字符串，表示名称，必须保证唯一性。

data：格式为字符串，表示数据，使用 Lua 脚本转义字符串。

若该函数执行成功，则返回 True，失败则返回 False。

示例代码如下：

```
local ok = dev:add(10,"test","hello")
```

表示每隔 10 秒，下发 hello 的字符串。

- dev:timeout(sec)：设置下发命令的设备响应超时时间。

参数 sec：响应超时时间，单位为秒。如果值为 0，则不检测设备响应超时。该函数无返回值。

示例代码如下：

```
dev:timeout(3)
```

表示下发命令的设备响应超时时间为 3 秒。

- dev:send(data)：下发命令到设备。

三、完整的 Lua 脚本示例

下面给出完整的 Lua 脚本示例，该 Lua 脚本能够对上传数据、下发命令进行简单的功能实现，用户可以根据自己的需求，自定义 Lua 脚本。

```
-- 将 object 序列化成字符串，在转换为 JSON 格式时调用
function to_str(o)
        local i=1
        local t={}
        local f
        f=function(x)
                local y=type(x)
                if y=="number" then
                        t[i]=x
                        i=i+1
                elseif y=="boolean" then
                        t[i]=tostring(x)
                        i=i+1
                elseif y=="string" then
                        t[i]="\""
                        t[i+1]=x
                        t[i+2]="\""
                        i=i+3
                elseif y=="table" then
                        t[i]="{"
                        i=i+1
```

```
                    local z=true
                    for k,v in pairs(x) do
                        if z then
                            z=false
                            t[i]="\""
                            t[i+1]=k
                            t[i+2]="\""
                            t[i+3]=":"
                            i=i+4
                            f(v)
                        else
                            t[i]=","
                            t[i+1]="\""
                            t[i+2]=k
                            t[i+3]="\""
                            t[i+4]=":"
                            i=i+5
                            f(v)
                        end
                    end

                    t[i]="}"
                    i=i+1
                else
                    t[i]="nil"
                    i=i+1
                end
            end
            f(o)

            return table.concat(t)
        end
        -- 添加值数据点到 table 中
        function add_val(t, i, a, v, c)
            if type(t)~="table" then
                return false
            elseif type(i)~="string" then
                return false
            elseif type(a)~="number" then
                return false
            else
                local o = type(v)
                if o~="boolean" and o~="number" and o~="string" and o~="table"
then
```

```
                return false
            end

            local n = {i=i,v=v}
            if a~=0 and a~=nil then
                n["a"]=a
            end
            if c~=nil then
                n["c"]=c
            end

            if t.h==nil then
                t.h={nil,n}
                t.t=t.h
            else
                t.t[1]={nil,n}
                t.t=t.t[1]
            end
        end

        return true
end
-- 将table序列化成JSON字符串
function to_json(t)
        local i=1
        local o={}
        local n
        o[i]="["
        i=i+1
        n=t.h
        while n~=nil do
            if n[2]~=nil then
                o[i]=to_str(n[2])
                i=i+1
            end
            n=n[1]
            if n~=nil then
                o[i]=","
                i=i+1
            end
        end
        o[i]="]"
        return table.concat(o)
end
-- 在登录成功后，平台会下发Login ok!
```

```
function device_timer_init(dev)
        dev:send("Login ok!")
end

-- 数据上传
function device_data_analyze(dev)
        local t = {}
        local a = 0
        local s = dev:size()                        --获取上行数据长度
        add_val(t,"ds_id",a,dev:bytes(1,s))  --添加到 datastream 数据流
        dev:response()
        dev:send("received")                        --在上传后，平台会下发应答 received
        return s,to_json(t)                         --保存该数据
end
```

实验一　基于模拟器的 TCP 透传协议调试

【实验目的】

（1）掌握 TCP 透传协议的产品、设备、数据流创建流程。

（2）掌握 TCP 数据透传的操作流程。

（3）掌握整个流程中各类信息的解读。

【实验设备】

（1）一台 PC，可连接 Internet。

（2）TCP&UDP Debug 软件。

【实验要求】

在 OneNET 平台注册 TCP 透传产品，并在该产品下注册设备。采用 TCP&UDP 调试工具进行调试，实现建立连接、上传数据点、从 OneNET 平台接收下发命令的功能。

【实验步骤】

一、新建 TCP 透传产品

（1）登录 OneNET 平台，进入控制台，在“多协议接入”中，选择“TCP 透传”标签，选择 TCP 透传协议，如图 5-2 所示。

图 5-2　选择 TCP 透传协议

（2）创建 TCP 透传产品。

单击“添加产品”按钮，创建一个 TCP 透传产品，并填写如图 5-3 所示的产品相关信息，需要填写产品名称、产品行业、产品类别、联网方式、设备接入协议、操作系统、网络运营商等一系列信息。

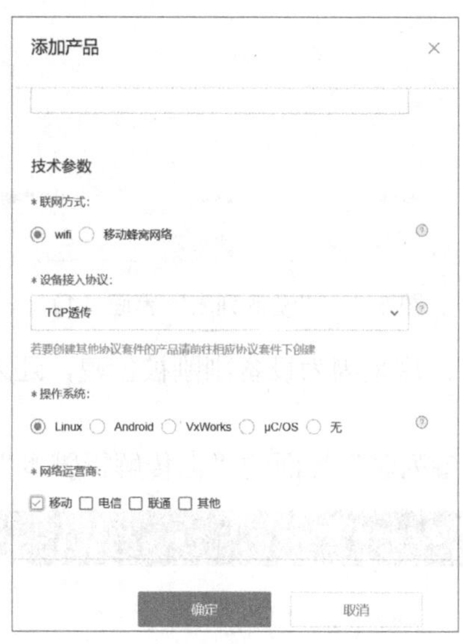

图 5-3　填写产品相关信息

（3）创建设备，记录设备 ID 等信息。

通过页面单击“添加设备”按钮，输入“设备名称”和“鉴权信息”（即设备编号）等设备信息，如图 5-4 所示，并记录该设备编号。

图 5-4　输入设备信息

鉴权信息一般采用 MAC 地址、IMEI 码、产品序列号等产品唯一信息。在产品下，所有设备的鉴权信息都是唯一的，不能重复。

（4）选择“设备列表”标签，查阅设备 ID，显示如图 5-5 所示的界面。

图 5-5 “设备列表”界面（1）

“关联脚本”暂时为“无”，这是因为设备刚刚被创建，还未登录。

（5）上传 Lua 脚本。

如图 5-6 所示，单击“设备列表”界面的“上传解析脚本”按钮。

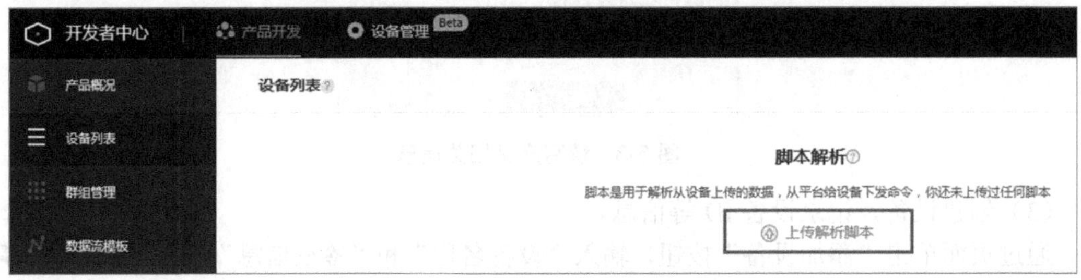

图 5-6 “设备列表”界面（2）

如图 5-7 所示，上传自定义的.lua 文件到产品下。在上传过程中，会核对语法，若语法不对，则会报错。在同一个列表下，支持多个 Lua 脚本上传，而具体采用哪个脚本进行解释，需要根据登录报文来确定。

图 5-7 上传 Lua 脚本

二、采用 TCP&UDP 调试助手建立连接

将设备上电，并与 OneNET 平台接入服务（域名为：dtu.heclouds.com）建立 TCP 连接，本实验采用 TCP&UDP 调试助手模拟设备与 OneNET 平台建立连接的过程。具体过程如下所述。

1．创建连接

打开 TCP&UDP 调试助手，右击客户端模式，选择“创建连接”命令，弹出“创建连接”对话框，如图 5-8 所示，输入以下信息，并单击“创建”按钮。

类型：TCP。

目标 IP：183.230.40.40（可在 OneNET 开发者文档中查找）。

端口：1811。

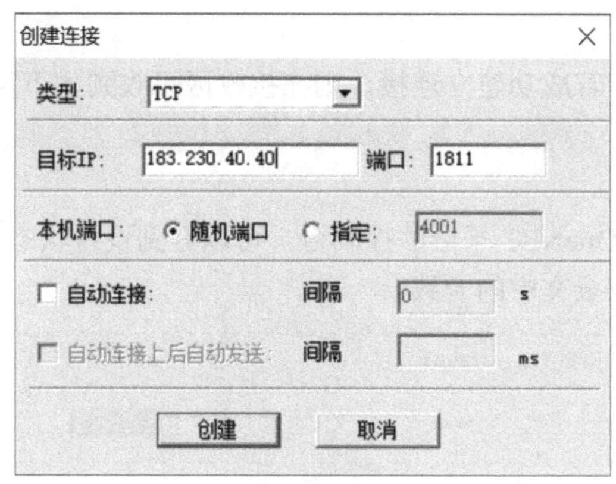

图 5-8　“创建连接”对话框

2．发送登录报文

如图 5-9 所示，单击“连接”按钮，按钮上的字符切换为“断开连接”。

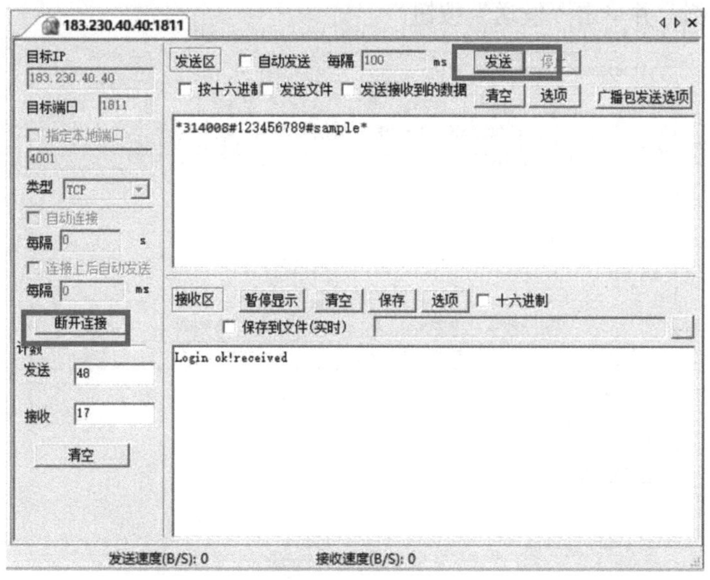

图 5-9　创建连接

首次连接必须发送符合规定的登录报文，格式如下：

```
*$PID#$AUTH_INFO#$PARSER_NAME*
```

示例代码如下：

```
*314008#123456789#sample*
```

其中，各参数解释如下所述。

- PID：产品 ID，在创建产品时 OneNET 平台生成的产品唯一性数字标识，值得注意的是，此处为产品 ID，并非设备 ID。
- AUTH_INFO：设备鉴权信息，用户在创建设备时指定的唯一字符串标识。
- PARSER_NAME：用户自定义解析脚本的名称，用户在上传脚本时指定的唯一字符串标识。

单击“发送”按钮，若成功建立连接，则在接收区可收到如下反馈信息：

```
Login ok!received
```

3．查看设备信息

如图 5-10 所示，在 OneNET 平台的控制台，可以看到设备状态，也可以看到关联的 Lua 脚本，并且文件名与登录报文中的一致。

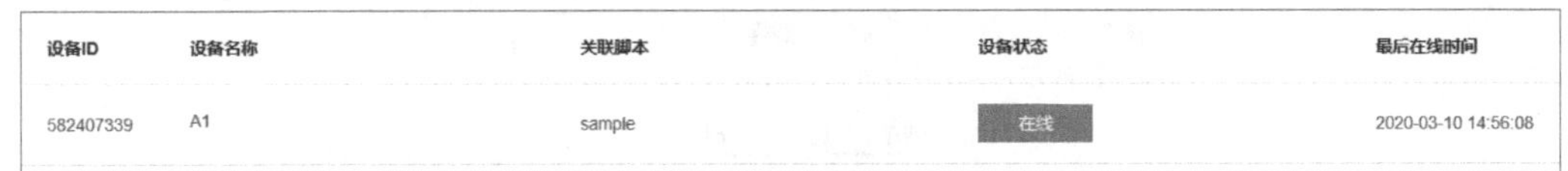

设备ID	设备名称	关联脚本	设备状态	最后在线时间
582407339	A1	sample	在线	2020-03-10 14:56:08

图 5-10　查看设备信息

三、采用 TCP 透传上传信息至云平台

如图 5-11 所示，在 TCP&UDP 调试工具中，在“发送区”的输入框中输入任意信息，此处以“hello”为例，并单击“发送”按钮。

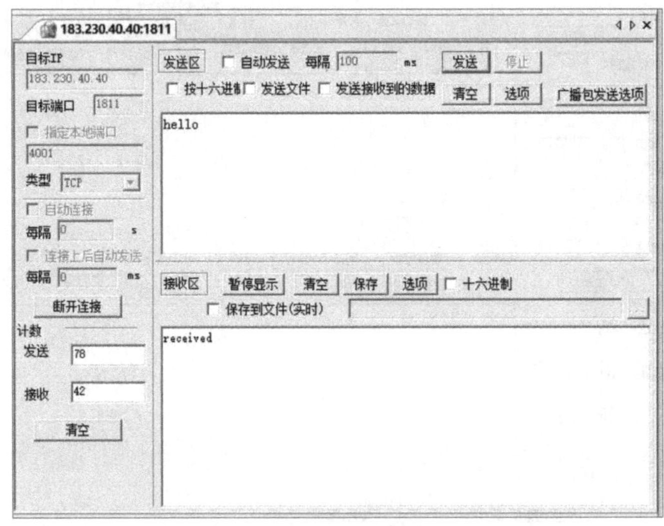

图 5-11　使用调试工具发送信息

在 OneNET 平台中查看该设备下的数据流信息，接收到如图 5-12 所示的信息。

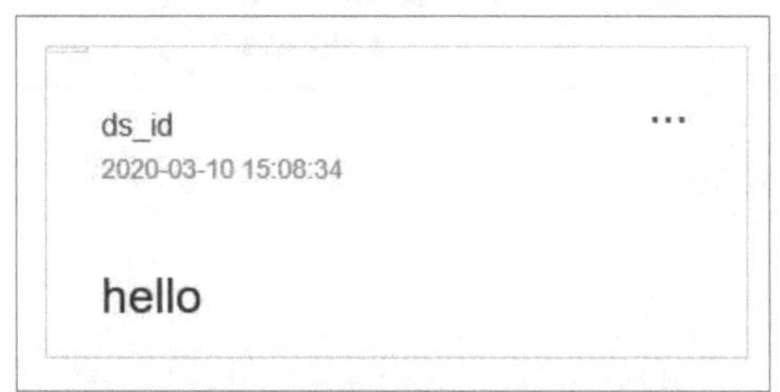

图 5-12　平台接收到的信息

表明设备端信息已经通过 TCP 数据透传的方式，上传至云平台。

四、接收云平台下发命令

如图 5-13 所示，在 OneNET 平台的“设备列表”界面中，在“设备状态”为“在线”的前提下，选择“更多操作”→“下发命令”选项。

图 5-13　选择“下发命令”选项

下发命令的格式有两种：“字符串”和“16 进制”。如图 5-14 所示，以字符串为例，下发字符串 siit。

图 5-14　下发字符串 sitt

在 TCP&UDP 调试工具中查看，已接收到 OneNET 平台下发的字符串 siit，如图 5-15 所示。

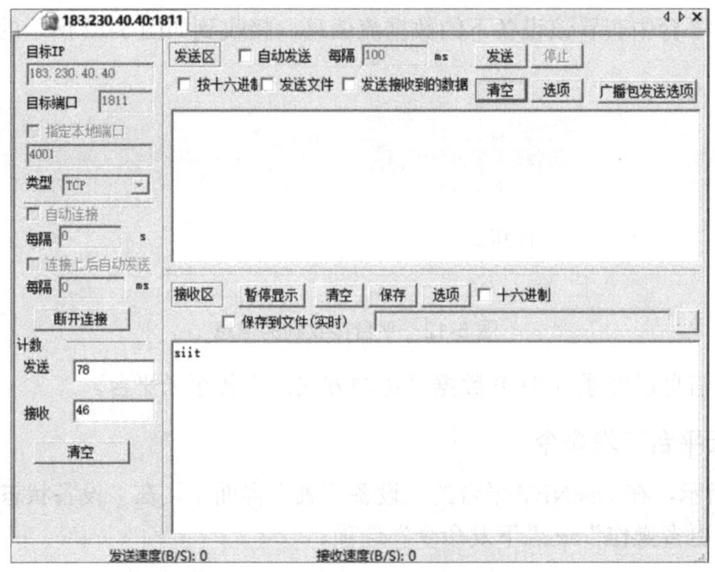

图 5-15　调试工具自动接收命令

表明平台端信息已经通过 TCP 透传的方式，发送至设备端。

五、小结

从上述实验可以看出，在 TCP 透传模式中，数据在云平台和底层硬件之间实现了数据透明传输。在这种模式下，仅需要设置一些参数，并不需要构建复杂的报文。

任务二　基于 DTU 的工业信息化系统

知识一　认识 DTU

DTU（Data Transfer Unit，数据传输单元）是专门用于将接口数据转换为 IP 数据或将 IP 数据转换为接口数据并通过无线通信网络进行传送的无线终端设备，常见的 DTU 工作流程如图 5-16 所示。DTU 通过 RS-232、RS-485 等接口采集外部数据，并使用内嵌的 4G 等通信模块将数据通过基站上传至云平台。

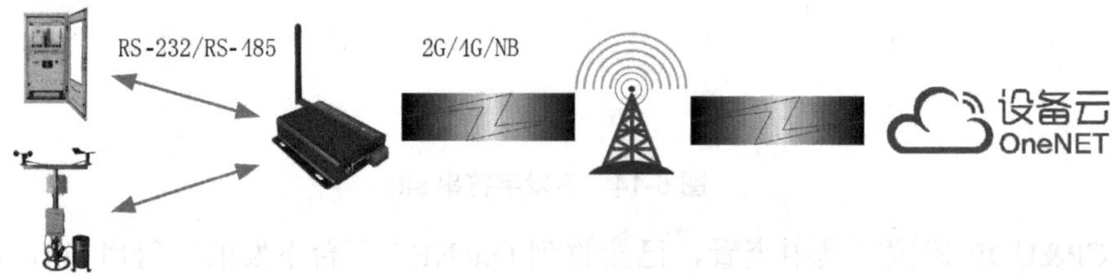

图 5-16　DTU 工作流程

一般 DTU 具有以下特点：

- 组网迅速、灵活。
- 建设周期短、成本低。
- 支持运营商网络，网络覆盖范围广。

目前，随着工业互联网的快速发展，工业现场数据的采集、传输越来越重要。在工业现场，主流自动化设备的数据常采用工业无线路由器或工业 DTU 进行无线传输。对于多个终端传输距离分散的工业场景来说，DTU 更适合该场景下的应用。DTU 主要采用 4G 或 GPRS 的方式进行数据传输，不受工业无线路由器传输距离的限制。除了工业现场，DTU 还广泛应用于气象、水文水利、地质、电力等行业。

【查一查】DTU 是助力制造业简单、快速升级的方式之一。新兴的工业 4.0 在产业升级方面离不开以下几项技术的发展。

- 大数据及分析。
- 自主式机器人。
- 仿真模拟。
- 水平和垂直系统集成。
- 物联网。
- 网络安全。
- 云计算。
- 增材制造。
- 增强现实。

查一查，我国在这些领域发展的现状，有哪些优势和劣势。

知识二　DTU 常用接口

DTU 通常支持 RS-232 接口和 RS-485 接口接收底层硬件的数据。

一、RS-232

RS-232 标准接口（又称 EIA-RS-232）是常用的串行通信接口标准之一。它被广泛应用于计算机串行接口外设连接。

标准的 9 孔 RS-232 接口如图 5-17 所示。

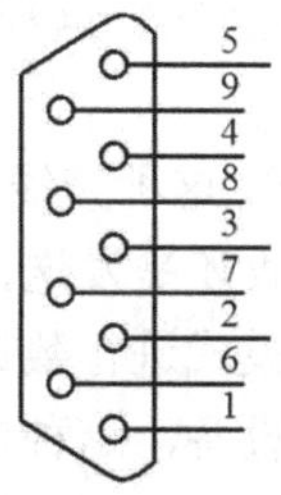

图 5-17　标准的 9 孔 RS-232 接口

在工业控制中，主要采用 2、3、5 三个引脚。其中，2 号引脚为数据发送端（TXD），3 号引脚为数据接收端（RXD），5 号引脚为 GND。当两个设备连接时，数据发送端一般连接到一个设备的数据接收端，同样地，数据接收端连接到另一个设备的数据发送端，以实现数据通信。

常用参数如下所述。

- 端口号：常常被称为 COM 口号，可以在设备管理器中进行查询。
- 波特率：RS-232 支持多种波特率。支持的数据传输速率为每秒 50、75、100、150、300、600、1200、2400、4800、9600、19200、38400、43000、56000、57600、115200 波特。
- 数据帧：在一般情况下，一个数据帧总共包括 10 位。1 个起始位，通常为低电平，用于同步；8 个数据位，是实际传输的数据；1 个停止位，通常为高电平，用于表示数据帧结束。有时，也可以设置校验位。

二、RS-485

考虑到总线通信的传输距离，电子工业协会于 1983 年制定并发布了 RS-485 总线标准。RS-485 总线标准能够有效支持多个分节点，具有通信距离远，并且对信息的接收灵敏度较高等特性。

RS-485 发送和接收信号分别由+和−两个接线端之间的电压差决定。例如，发送端包含 T+和 T−两个接线端，发送信号采用差分信号负逻辑，当两个接线端之间的电压差为+2～+6V 时，表示“0”；当两个接线端之间的电压差为−6～−2V 时，表示“1”。接线端符号也经常用 A+、B−或 A、B 表示。RS-485 常用工作模式有全双工四线制和半双工两线制两种，如图 5-18 所示。

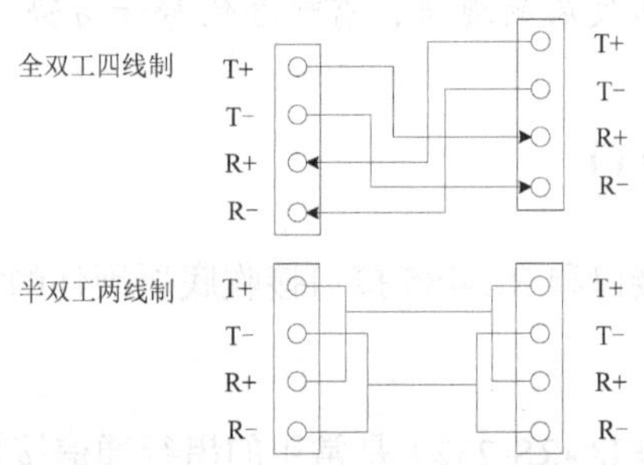

图 5-18　RS-485 的两种工作模式

全双工四线制模式包含 T+、T−、R+和 R−四个接线端，其中 T 表示发送，R 表示接收。发送端连接接收端、接收端连接发送端。这种模式只能实现点对点的通信方式，目前很少采用。

目前，使用较多的是两线制接线方式，这种接线方式将+的两个接线端采用收/发开关连接到一起，并通过切换开关控制当前是接收还是发送，同一时刻只能发送或接收，因此属于半双工两线制工作模式。一般在采用这种模式进行数据传输时，会将多个设备同时连接到一根总线上，并通过地址来选择具体通信的设备，这种模式只支持总线型，不支持环型或星型等其他拓扑结构。

由于 RS-232 和 RS-485 总线之间信号的转换可以通过市场化的模块很容易地实现，因此本项目选择了比较常见且方便调试的 RS-232 接口进行底层数据的获取。

实验一　DTU 参数配置及设备登录

【实验目的】

（1）掌握 DTU 硬件连接。

（2）掌握 DTU 网络连接配置方式。

（3）掌握整个流程中各类信息的解读。

【实验设备】

（1）一台 PC，可连接 Internet。

（2）一个 DTU（不指定品牌、本实验采用 HF2411 4G DTU）、若干连接线、串口转 USB 线（视实际硬件情况而定）。

（3）与 DTU 配套的配置软件（本实验采用 SecureCRT、IOTService）。

（4）一张 SIM 卡，卡托（在 SIM 卡为 nano 尺寸时，需要准备）。

【实验要求】

在 OneNET 平台注册 TCP 透传产品，并在该产品下注册设备。完成 DTU 初始化配置，并与平台端进行连接。

【实验步骤】

一、硬件连接

DTU 的硬件大部分都包含电源和串口两部分。以 HF2411 为例，DTU 外观如图 5-19 所示。

图 5-19　DTU 外观

硬件上包含两组 PCB 接线端子，如图 5-20 所示，左边的接线端子对应电源，右边的接线端子对应 RS-232/RS-485 接口，可以选取其中一种接口进行操作。具体连线方式如下所述。

图 5-20　PCB 接线端子

DC 供电：左边为 GND，右边为 Vcc，供电要求为 9～36V 直流电。

RS-485：选取 A 和 B 两个接口，分别表示一对差分信号，在与底层设备连接时，一般采用 DTU 的 A 接口与设备的 A 接口相连，DTU 的 B 接口与设备的 B 接口相连。

RS-232：包含 Rxd 和 Txd，分别与设备端的 Txd 和 Rxd 相连。

当 DTU 工作时，两类串口不能同时使用。

硬件底部还包含如图 5-21 所示的标准 9 孔 RS-232 接口，可以采用连接线与其他 RS-232 接口连接。

图 5-21　标准 9 孔 RS-232 接口

DTU 一般采用 SIM 卡接入网络，因此需要插入 SIM 卡，其插槽如图 5-22 所示。注意 SIM 卡金属面应对应于设备卡槽内的金属位置。SIM 卡应为普通尺寸，nano 尺寸的 SIM 卡需要使用卡托。

图 5-22　SIM 卡插槽

二、DTU 配置

（1）在 http://www.hi-flying.com/index.php?route=download/category&path=1_4 网站下载 SecureCRT、IOTService。不同品牌的 DTU 一般都会提供相应的配置工具和 DTU 配置说明，只需要根据厂家提供的技术指导书进行配置即可，不会影响数据上传。

（2）设置串口参数。

打开 SecureCRT 软件，单击如图 5-23 所示的图标，建立快速连接。

图 5-23　建立快速连接

如图 5-24 所示，选择串口协议，并设置“端口”“波特率”等串口参数，不勾选“流控”中的所有复选框。单击“连接”按钮。

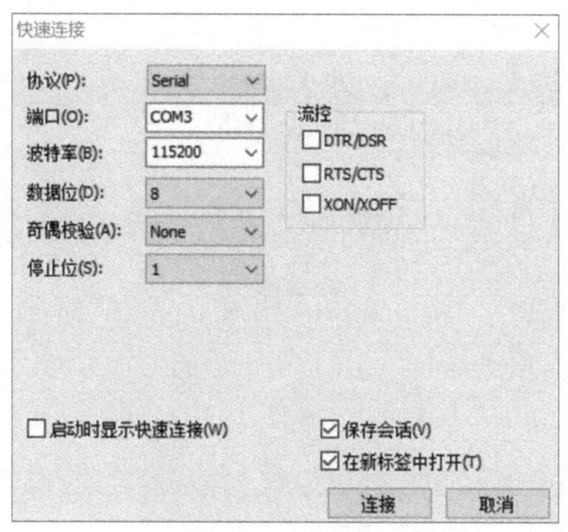

图 5-24　设置串口参数

（3）配置 DTU。

采用软件进行 DTU 配置的过程与烧写单片机类似，主要设置 DTU 可以实现的功能。在本实验中，主要设置 DTU 与云平台连接的方式。

如图 5-25 所示，打开 IOTService 软件，单击“串口配置工具”按钮。

图 5-25　单击“串口配置工具”按钮

如图 5-26 所示，单击“打开串口”按钮。

图 5-26　单击“打开串口”按钮

如图 5-27 所示，单击“读取参数”按钮，即可获取当前 DTU 的各项参数。

读取的部分参数格式如图 5-28 所示。

配置连接参数，具体涉及的参数如图 5-29 所示，不同 DTU 的配置参数差异不大。

- 连接名称：该 DTU 支持 A、B、C 三路连接。
- 协议：该 DTU 支持多种接入网络的协议，本项目选择 TCP 透传协议，由于 DTU 是作为客户端的、云平台是作为服务器的，因此此处选择 TCP-CLIENT。
- 服务器端地址：183.230.40.40（可在 OneNET 开发者文档中查找）。

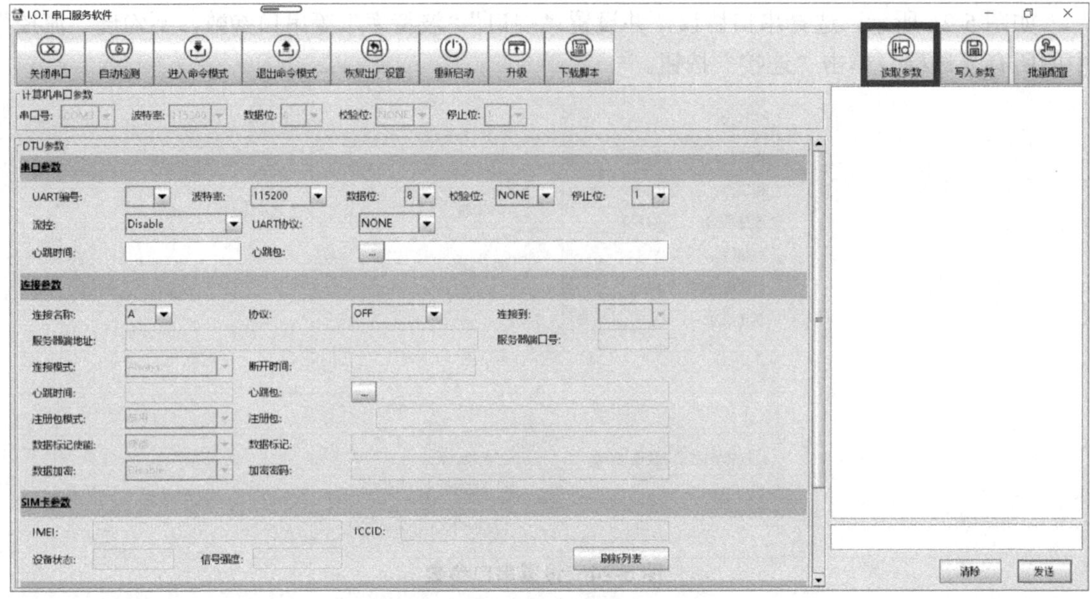

图 5-27　单击“读取参数”按钮

```
SEND:AT+GVER
RECV:+ok=4G_V1.926
SEND:AT+IMEI
RECV:+ok=866262041611582
SEND:AT+ICCID
RECV:+ok=89860015101950543334
SEND:AT+GSLQ
RECV:+ok=1,14
SEND:+++E
RECV:+ERR=-1
SEND:+++E
RECV:+ERR=-1
SEND:AT+PID
RECV:+ok=HF2411
SEND:AT+PCID
RECV:+ok=HF2411
SEND:AT+LOCATE=0
RECV:+ok=0,0.0000000,0.0000000
SEND:AT+APN
RECV:+ok=,,
SEND:AT+WSMAC
RECV:+ok=262041611582
SEND:AT+GVER
RECV:+ok=4G_V1.926
SEND:AT+GSLQ
RECV:+ok=1,13
SEND:AT+IMEI
RECV:+ok=866262041611582
SEND:AT+ICCID
```

图 5-28　读取的部分参数格式

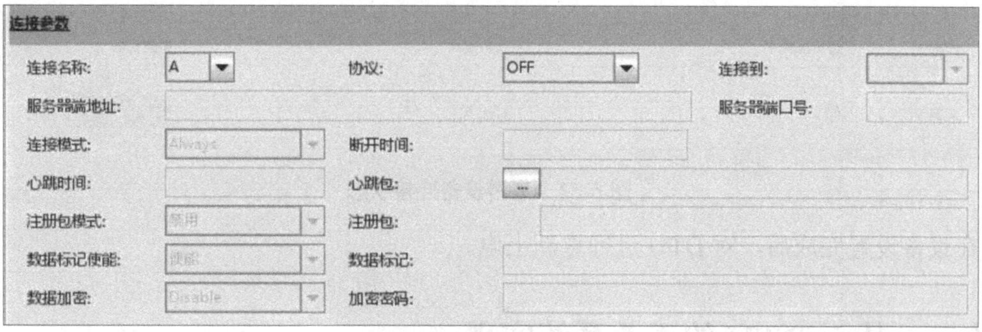

连接参数

连接名称: A　协议: OFF　连接到:

服务器端地址:　服务器端口号:

连接模式: Always　断开时间:

心跳时间:　心跳包:

注册包模式: 禁用　注册包:

数据标记使能: 使能　数据标记:

数据加密: Disable　加密密码:

图 5-29　连接参数

- 服务器端口号：1811。
- 连接模式：Always，表示长连接。
- 断开时间：自定义，可以直接使用推荐的 300。
- 心跳时间：0，该项参数没有进行特别设置，通常心跳是用来维持网络长连接的，需要间隔一段时间发送心跳包，以告知平台端仍处于活动状态。
- 注册包模式：该项参数为登录报文，可以选择在连接成功时发送，报文内容为 *$PID#$AUTH_INFO#$PARSER_NAME*，与任务一一致。
- 数据标记使能：是否采用数据标记，本实验不使能。
- 数据加密：对传输数据进行加密，本实验不加密。

如图 5-30 所示，在参数配置完成后，单击“写入参数”按钮，等待写入完成。在写入完成后，会在界面左侧显示各项参数。

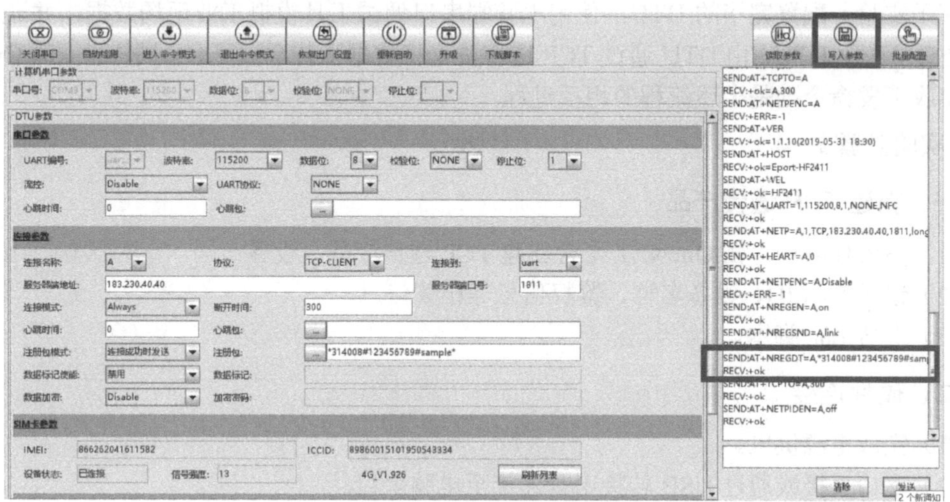

图 5-30　写入参数及反馈

当发送注册包后，会收到+OK 的反馈信息，表示连接成功。如图 5-31 所示，可在平台端查看设备连接状态，显示“设备状态”为“在线”。

设备ID	设备名称	关联脚本	设备状态
582407339	A1	sample	在线

图 5-31 查看设备连接状态

在设备设置完成后，对 DTU 进行重新上电。

实验二 基于 DTU 的工业系统实现

【实验目的】

（1）掌握 DTU 通过 RS-232 接口接收数据并上传。

（2）掌握 DTU 接收平台命令并通过 RS-232 接口传输。

（4）掌握整个流程中各类信息的解读。

【实验设备】

（1）一台 PC，可连接 Internet。

（2）一个 DTU（不指定品牌、本实验采用 HF2411 4G DTU）、若干连接线、串口转 USB 线（视实际硬件情况而定）。

（3）串口调试软件。

（4）一张 SIM 卡，卡托（在 SIM 卡为 nano 尺寸时，需要准备）。

【实验要求】

基于实验一配置完毕的 DTU，使用电脑端串口调试工具模拟工业现场数据，并通过 RS-232 接口发送至 DTU，由 DTU 通过 TCP 透传协议将数据上传至云平台。同样地，从 OneNET 平台接收下发命令则是上述流程的相反过程。

【实验步骤】

一、新建 TCP 透传产品

（1）参考任务一，在 OneNET 平台新建 TCP 透传产品、设备。

（2）记录产品 ID、设备名称、鉴权信息等相关信息。

（3）上传 Lua 脚本。

二、硬件连接

（1）完成电源供电。

（2）串口直接或通过 USB 转接工具连接至电脑串口。

三、配置串口调试工具

当成功登录设备后，关闭 DTU 配置工具，防止占用串口。如图 5-32 所示，打开串口调试软件。

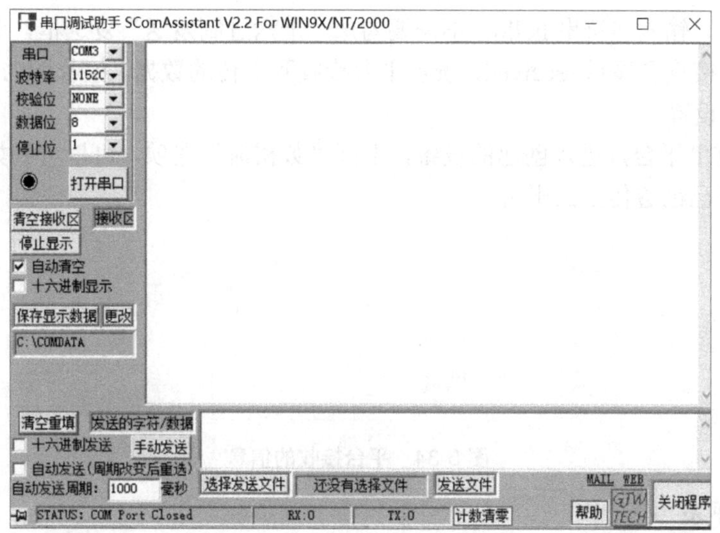

图 5-32　打开串口调试软件

串口参数配置与 DTU 配置保持一致，如下所述。

- 端口号：在设备管理器中查询。
- 波特率：115200。
- 校验位：NONE。
- 数据位：8。
- 停止位：1。

在配置完成后，打开串口。

四、数据上传

如图 5-33 所示，在串口调试软件中，输入需要发送的数据。

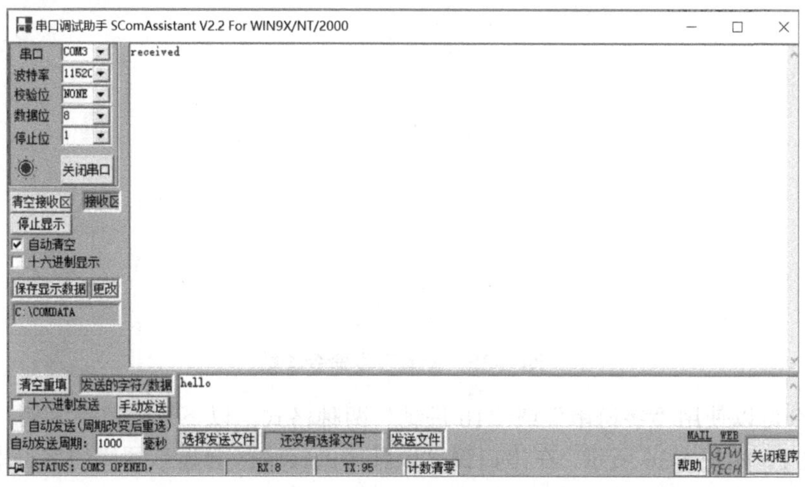

图 5-33　输入需要发送的数据

在本实验中，输入字符串 hello，不需要勾选“十六进制发送”复选框，单击“手动发送”按钮，可以看到接收区显示 received，表示平台接收到上传的数据。接收到的反馈信息可以在 Lua 脚本中进行设置。

登录 OneNET 平台，进入创建的设备，选择“数据流”选项，可以看到如图 5-34 所示的信息，表明信息已经透传至云平台。

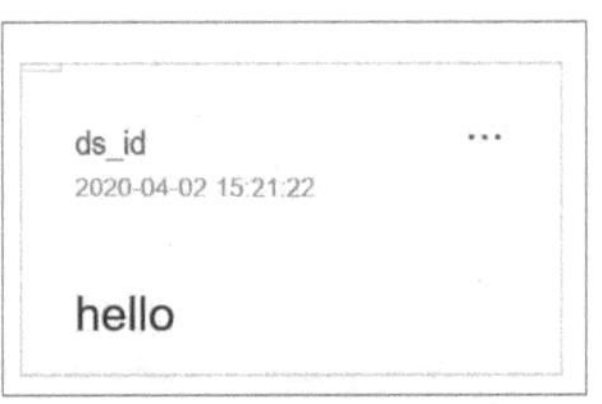

图 5-34　平台接收的信息

五、命令下发

平台命令下发可以通过以下两种形式实现。

1．在 Lua 脚本中进行设置

以每 10 秒发送一次字符串 hello 为例，在 Lua 脚本命令下发的函数内，通过 dev:add()函数实现：

```
function device_timer_init(dev)
        dev:add(10,"ds_test","hello")     --每 10 秒下发一次命令，命令内容为 hello
        dev:send("Login ok!")
end
```

2．平台下发命令

如图 5-35 所示，在 OneNET 平台的设备下，选择“更多操作”→“下发命令”选项，设置下发命令参数。

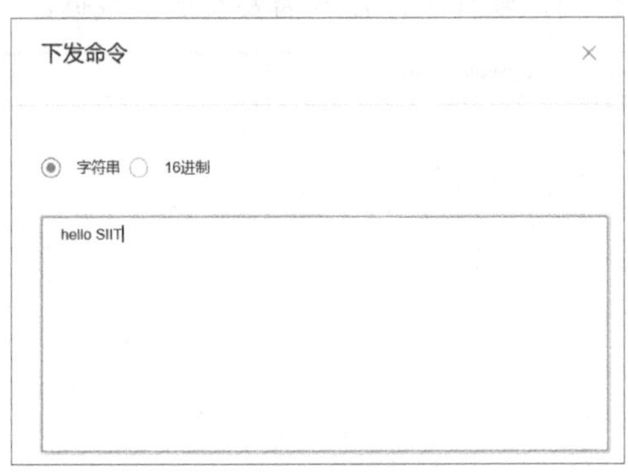

图 5-35　设置下发命令参数

下发命令可以使用“字符串”或“16 进制”两种格式。以下发字符串为例，在输入框内输入 hello SIIT。如图 5-36 所示，在串口调试软件中的接收区会显示同样的字符串，实现了信息的透传。

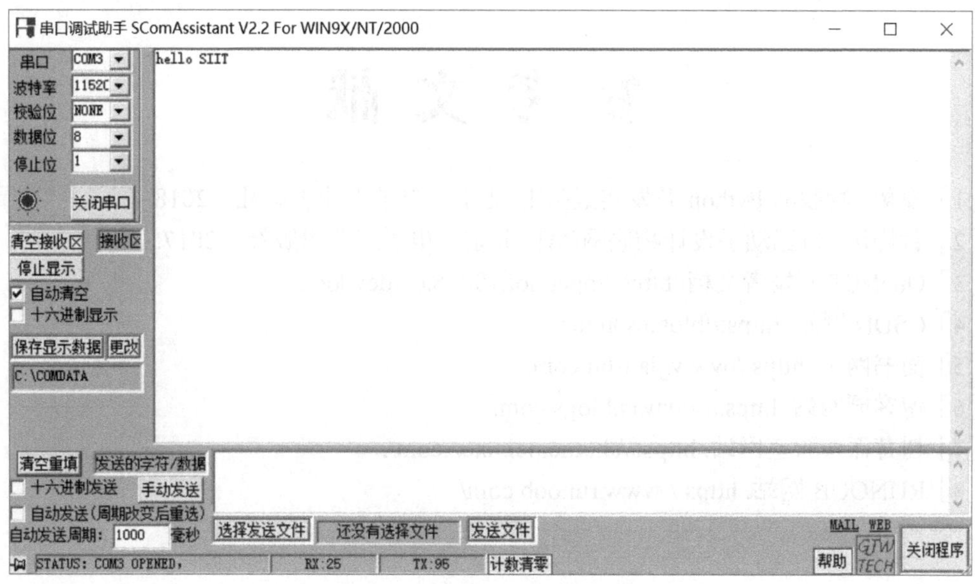

图 5-36　串口调试助手接收到的信息

思考与练习

1．创建 TCP 透传协议产品、设备、数据流。
2．使用 TCP & UDP 调试工具实现数据上传、命令下发。
3．撰写 Lua 脚本，实现每 5 秒向设备端下发一条 turn on 命令。
4．使用 4G DTU 实现 RS-232 接口采集到的数据上传。
5．使用 4G DTU 接收云平台命令。

参 考 文 献

［1］安翔. 物联网 Python 开发实战[M]. 北京：电子工业出版社，2018.
［2］黄峰达. 自己动手设计物联网[M]. 北京：电子工业出版社，2017.
［3］OneNET 开发者文档. https://open.iot.10086.cn/devdoc.
［4］CSDN 网站. https://blog.csdn.net.
［5］简书网站. https://www.jianshu.com.
［6］博客园网站. https://www.cnblogs.com.
［7］树莓派实验室网站. https://shumeipai.nxez.com/.
［8］RUNOOB 网站. https://www.runoob.com/.